U0249608

住房和城乡建设部"十四五"规划教材
全国住房和城乡建设职业教育
教学指导委员会建筑与规划类
专业指导委员会规划推荐教材
高等职业教育建筑与规划类
"十四五"数字化新形态教材

城市设计初步

主　编　　颜　勤　梁玉秋

副主编　　潘　崟　陈　灿

主　审　　　　　王　伟

中国建筑工业出版社

出版说明

党和国家高度重视教材建设。2016年，中办国办印发了《关于加强和改进新形势下大中小学教材建设的意见》，提出要健全国家教材制度。2019年12月，教育部牵头制定了《普通高等学校教材管理办法》和《职业院校教材管理办法》，旨在全面加强党的领导，切实提高教材建设的科学化水平，打造精品教材。住房和城乡建设部历来重视土建类学科专业教材建设，从"九五"开始组织部级规划教材立项工作，经过近30年的不断建设，规划教材提升了住房和城乡建设行业教材质量和认可度，出版了一系列精品教材，有效促进了行业部门引导专业教育，推动了行业高质量发展。

为进一步加强高等教育、职业教育住房和城乡建设领域学科专业教材建设工作，提高住房和城乡建设行业人才培养质量，2020年12月，住房和城乡建设部办公厅印发《关于申报高等教育职业教育住房和城乡建设领域学科专业"十四五"规划教材的通知》（建办人函〔2020〕656号），开展了住房和城乡建设部"十四五"规划教材选题的申报工作。经过专家评审和部人事司审核，512项选题列入住房和城乡建设领域学科专业"十四五"规划教材（简称规划教材）。2021年9月，住房和城乡建设部印发了《高等教育职业教育住房和城乡建设领域学科专业"十四五"规划教材选题的通知》（建人函〔2021〕36号）。为做好"十四五"规划教材的编写、审核、出版等工作，《通知》要求：（1）规划教材的编著者应依据《住房和城乡建设领域学科专业"十四五"规划教材申请书》（简称《申请书》）中的立项目标、申报依据、工作安排及进度，按时编写出高质量的教材；（2）规划教材编著者所在单位应履行《申请书》中的学校保证计划实施的主要条件，支持编著者按计划完成书稿编写工作；（3）高等学校土建类专业课程教材与教学资源专家委员会、全国住房和城乡建设职业教育教学指导委员会、住房和城乡建设部中等职业教育专业指导委员会应做好规划教材的指导、协调和审稿等工作，保证编写质量；（4）规划教材出版单位应积极配合，做好编辑、出版、发行等工作；（5）规划教材封面和书脊应标注"住房和城乡建设部'十四五'规划教材"字样和统一标识；（6）规划教材应在"十四五"期间完成出版，逾期不能完成的，不再作为《住房和城乡建设领域学科专业"十四五"规划教材》。

住房和城乡建设领域学科专业"十四五"规划教材的特点，一是重点以修订教育部、住房和城乡建设部"十二五""十三五"规划教材为主；二是严格按照专业标准规范要求编写，体现新发展理念；三是系列教材具有明显特点，满足不同层次和类型的学校专业教学要求；四是配备了数字资源，适应现代化教学的要求。规划教材的出版凝聚了作者、主审及编辑的心血，得到了有关院校、出版单位的大力支持，教材建设管理过程有严格保障。希望广大院校及各专业师生在选用、使用过程中，对规划教材的编写、出版质量进行反馈，以促进规划教材建设质量不断提高。

住房和城乡建设部"十四五"规划教材办公室

2021年11月

前　言

"城市设计初步"课程是培养学生城市设计思维能力和绘图能力的一门专业性课程，它对高职建筑与规划类专业学生的职业技能提升有着十分重要的作用。为了突出高等职业教育的特点，以就业为导向，紧扣岗位需求，教材内容根据城乡规划与建筑设计对应的具体岗位进行组织，充分结合课程的教学目标和技能目标，突出专业的实训实践环节。本教材根据课程特点和学习内容经过多轮讨论编写调整，最终确定编写形式为五篇共十二个模块。

五篇为基础知识篇、调研踏勘篇、方案构思篇、空间设计篇和成果表达篇。每篇中的模块都有针对性的训练作业、建议学时，还有必要的参考样例和范图。编写顺序遵循城市设计实际项目的设计流程，按由浅到深、从基本到综合、由理论到实践的思维脉络展开。基础知识篇包括城市设计基础知识、国外城市设计发展、中国城市设计发展和城市设计内涵四个模块；调研踏勘篇包括现场踏勘调研和调研成果分析两个模块；方案构思篇包括城市设计方案构思一个模块；空间设计篇包括城市街道与步行街、城市中心区设计和城市滨水区设计三个模块；成果表达篇包括城市设计成果和城市设计表达两个模块。这些模块可根据教学过程的实际需要进行讲授和实践，教师可选择性地使用每个模块所对应的一个或多个训练作业，全书共有17个训练作业，作业设置的目的是培养学生对城市空间的专业思维能力和局部城市空间形态的设计与绘制图纸能力，具有鲜明的高等职业教育所需要的人才培养模式特征。

本教材由重庆建筑工程职业学院颜勤主编，编写第一篇、第二篇、第三篇，并负责全书的统稿及审定工作；浙江建设职业技术学院梁玉秋任第二主编，编写第四篇、第五篇；重庆交通大学潘崟任第一副主编，参与第三篇的编写；优处空间设计（杭州）有限公司陈灿任第二副主编，参与第四篇的编写；湖南城建职业技术学院赖婷婷参与第五篇的编写；山东城市建设职业学院蒋赛百参与第二篇的编写；深圳市城市规划设计研究院股份有限公司重庆分公司刘秀参与第二篇的编写。教材由江苏城乡建设职业学院王伟教授主审。在教材的策划和编写过程中，得到了中国建筑工业出版社的指导和帮助，得到了中国城市规划设计研究院西部分院城乡规划设计师陈婷的指导与点拨，在此表示衷心的感谢。

本教材适用于高等职业院校城乡规划、建筑设计等专业，也可作为城市信息化管理、风景园林设计等相关专业的教学参考书。因编者水平所限，书中的疏漏及不当之处在所难免，敬请广大读者和相关专业人士批评指正，以便今后改进。

编者

目　录

第一篇
基础知识篇

Di-yipian

Jichu Zhishipian

模块 1　城市设计基础知识

模块简介

本模块主要介绍城市设计的概念及内容，目标及评价标准，最早城市起源与现代城市设计起源。内容主要包括：城市设计的概念，城市设计的目标（包括基本需求、舒适性、可认知性、可持续性与专业性），评价标准从定性到定量进行认知。从早期城市案例与营造特征介绍最早城市的起源，简述现代城市设计的发展背景与理论基础。

学习目标

1. 掌握城市设计的概念和主要内容，为城市设计的文字表述与逻辑思维能力奠定理论基础。
2. 理解城市设计的主要内容与设计目标，能围绕内容与目标进行有效的讨论。
3. 了解城市定性与定量评价标准，能根据相关资料独立思考讨论，培养自我学习能力。
4. 了解早期城市营造的特征，现代城市设计的发展背景与理论基础，为城市设计的逻辑思维能力和文字表述能力提供理论支撑。

素质目标

通过了解城市设计基础知识，强化对城市设计的标准的认知，从历史的角度了解城市，培养学生城市设计的理论素养，从知识性、人文性等方面提升综合育人的效果。

学时建议：2 学时，包含 1.5 学时讲授和 0.5 学时课中讨论。

作业 1　基础知识的思考讨论练习
作业形式：课中思考讨论，课后书面表达。

二维码 1-1　课件　　二维码 1-2　视频

1.1 城市设计的概念

城市是人类社会文明发展到一定程度的产物，是城市化过程中出现的复杂的聚居形式，综合反映着社会的发展过程和发展水平。城市设计是伴随着城市的出现与发展而深入的，所以说城市设计"古已有之"。城市设计的活动不同于建筑单体本身的塑造，而是对城市地区的建设活动进行协调与控制，处理建筑物的布局及其相互之间的关系与连接等问题。

城市设计又称都市设计（Urban Design），兼具工程学科和人文社会学科的特征，其概念具有理论性和工程实践性，建筑界通常是指以城市作为研究对象的设计工作，介于城市规划、景观设计与建筑设计之间的一种设计。

王建国院士认为："城市设计是以城镇发展和建设中空间组织的优化为目的，运用跨学科的途径，对包括人、自然和社会因素在内的城市形体环境对象所进行的研究和设计。"美国学者凯文·林奇从城市的社会文化结构、人的活动和空间形体环境结合的角度提出："城市设计的关键在于如何从空间安排上保证城市各种活动的交织"，进而应"从城市空间结构上实现人类形形色色的价值观之共存"。宾夕法尼亚大学教授巴奈特曾指出："城市设计是一种现实生活的问题"，它应该作为"公共政策"。

从作用上看，城市设计是在综合协调多方面因素，以控制城市建设环境为目标，因此城市设计的成果是多样的，在条例、规划设计、计划、引导与工程五种实践中，通过城市建设管理控制机制与城市物质环境规划建设实践来实现。城市设计研究与编制一般涉及城市形态与空间结构、城市土地利用、城市景观、城市开放空间与公共活动空间、城市活动系统、城市特色分区与重点地段、城市设计实施措施等方面的内容。

1.2 城市设计的目标

现代城市设计的目标是为人们创造舒适、方便、卫生、优美的物质空间环境。城市设计是对一定地域空间内的各种物质要素，在实现预定统一目标的前提下进行综合设计，使城市达到各种设施功能相互配合和协调，空间形式统一、完美，综合效益最优。具体做法有两种：一种是在统一领导下进行多专业的总体设计；另一种是在统一设计纲领的基础上，分别进行专业设计，然后进行综合。这样就要求从事城市各种工程设计的人员，都自觉地按照城市设计的总体意图进行各自的工程设计。城市设计者要创造与时代相适应的城市体形环境。为实现城市设计所提出的目标设想，应当明确规划实践的主题，并按照一种合理且可实施的关系来设定短期、中期、长期的目标，从而构成一个目标系统。

1.2.1　基本需求目标

在凯文·林奇的五个设想目标中，有两个属于基本需求：生命力和可达性。生命力包括：①延续性：提供充足的水、空气、营养，并清除废水和废弃物；②安全：使人免受自然污染、疾病或者危险的侵害；③和谐：使环境在房间温度、肢体活动、意义体验和身体机能等方面与人的需求相互契合。可达性是指人能够接触到城市或者区域中的人员、货物、场所以及事件。

城市设计中的基本需求指：①地方社会在定居生活中根据建筑物、技术设施、植被、外部空间、基础设施以及保持实际需求的起码条件，所提出的最低水平要求；②在自然和生态方面最基本的生存条件和质量；③掌握用于持续不断地保障前两方面的资源。

1.2.2　舒适性目标

舒适性或实用性是指根据实用和舒适的要求，让建筑、技术设施、植被、外部空间符合城市的具体使用目的。实用性问题的实质是在人与物之间构建关系，城市既被作为社会也被当作建筑物。城市设计的实用性是指根据使用者实际需求，建成性城市应具备的适合性与符合目的性。除了涉及土地划分、土地利用、区位分配以外，它也与建筑群、配套设施网络和植被等因素有关，也就是说：①建筑物、技术设施、植被的布局与相互关系要使形成的建筑群、配套设施网络和外部空间系统相当实用且技术上令人满意；②同时保障和促进地区的可达性和可通行性。

1.2.3　可认知性目标

城市设计中的可认知性是关于美感的多样性目标，旨在超越功能上的技术和实用性，同时满足人们在这方面的真实需求。这一需求涉及城市建筑空间组织的可体验性，对场所的认同并与之建立认同感，对方位的把握以及整个居民区单元及各部分相互间提供可见的空间关系等内容。

1.2.4　可持续性目标

城市设计的可持续性意味着如果要通过规划等措施改变建筑空间组织，就必须以保持在生态平衡、社会和经济方面的长期和全面稳定作为前提条件，因此也就要尽可能地使用可再生能源。在适应变化的过程中，就需要人们极为谨慎、小心地处理文化、建筑空间和社会方面的遗产，同时重视保护那些不可再生资源或者只具有有限可再生能力的资源。

1.2.5 专业性目标

城市设计的专业性目标主要针对具体对象、功能利用类型或专业方向方面，通常与城市的"功能"或"基本生活职能"紧密相关。在这方面，《雅典宪章》中提出了最有名、影响力最持久的功能分类方式之一：居住、工作、游憩、交通。居住是为了保障城市中所有的居民拥有合适的居住条件。住宅在城市中所处的位置、所在街区的功能混合、建筑空间布局以及社会环境被视为重要的品质特征，作为城市设计工作的目标。工作和居住的专业性目标，在现代城市的发展中，必须重新审视它们之间的紧密联系。游憩与居住密切相关，需要有宜人的公园、树林、体育设施、海滨浴场等设施条件服务于周末的游憩活动。交通在城市设计的目标中有特殊的地位，通过交通才能在不同的场所和功能类型之间建立起相互之间的实体连接。人的流动和交往也属于城市设计的基本生活职能。城市的物质空间是人们进行各种活动的公共空间。设计城市必须熟悉和研究城市生活，并对理想的城市社会有要探索的追求。

1.3 城市设计的评价标准

当前城市设计越来越多地从人、社会、文化、环境等方面来建立评价标准。城市设计的重要内容是通过各种政策、标准和设计审查来管理较大地区范围的环境特色和空间质量。对城市物质空间的评价标准常采用定性与定量的方式进行评价。

1.3.1 定性评价标准

对于城市空间和物质环境的定性标准，通常包括城市特色（可识别性）、格局清晰、尺度宜人、美学原则、生态原则、社区邻里、活动方便、丰富多样、可达性、场所内涵、结合自然要素等方面。《不列颠百科全书》提出的"减缓环境压力、谋求身心舒畅；创造合理活动条件；特性鲜明；环境要多样化；规划和布局明确易懂；含义清晰；具有启发和教育意义；保持感官乐趣；妥善处理各种制约因素"，也是定性评价标准。

1.3.2 定量评价标准

城市设计的定量评价标准通常涉及城市规划管理部门下达的用地规划要点指标，如建筑容积率、覆盖率、建筑退距、人防、日照、通风、减噪等微气候要求。同时，考虑空间尺度关系与视觉艺术和功能组织单元的要求，如建筑空间与场地之间的视角控制，建筑高度与街道、广场空间宽度的高宽比等方面。

城市设计几乎与城市文明的历史同样悠久，它是随着人类最早聚居点的建设而产生的。"城市设计古已有之"，它的兴起、发展直至成为一门独立的学科是城市建设发展到一定阶段的结果。它是在传统的城市规划学、建筑学、风景园林学、市政工程学四门学科的基础上形成和发展起来的。了解城市的历史发展过程，是城市设计的前提，以下对城市设计的产生和发展作一个粗略的回顾。

1.4 最早城市起源

从古代亚洲、古希腊、古罗马时代开始，当人们开始定居、形成聚落时，就有了安排自己的房子和聚落布局的意识。其形体环境就有了"形"和"模式"的存在，空间结构和建筑结构受到了自然条件和社会条件的影响。气候和固有资源（如石头、泥土）的差异会导致建筑类型产生显著的差别，公共建筑与代表性建筑的城市空间方案则更能体现出社会关系。

随着第三次社会大分工的形成，手工业与商业从农业中分化，部分商人摆脱了对土地的依赖，向有利于加工和交易的地点聚集，形成固定的商品交换居民点——城市。早在5000年以前，在埃及的尼罗河流域和美索不达米亚平原上的两河流域（底格里斯河、幼发拉底河）就已经出现了人类历史上的第一批城市。之后，在印度河流域、黄河流域、中美洲等地先后也诞生了城市。

图1-1 土耳其恰塔尔休于复原图

（资料来源：http://mooc.chaoxing.com/nodedetailcontroller/visitnodedetail?knowledgeId=2302963）

1.4.1 早期城市案例

土耳其的恰塔尔休于是人类较早建立的城市，距今有8000年之久，1961—1965年英国考古学家J·梅拉尔特进行了发掘。这座城里有1000多座土砖砌的房屋，每栋房屋由5m×4m的起居室和一个或几个附属房间组成。房屋相互间都紧紧地挨着，排得密密麻麻，城里没有街道，人们是用平顶的房顶作通道（图1-1），在两根大梁和许多小梁上铺苇草和干砖。屋顶有长方形入口以供进出，起居室与附属房间有低矮的门洞相通。这些房屋底层不开门窗，只在二楼开个小门，住户靠木梯从底层上二楼。

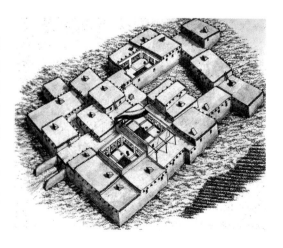

图1-2 耶利哥遗址（左）
（资料来源：http://mooc.chao
xing.com/nodedetailcontroller/
visitnodedetail?knowledgeId=
2302963）

**图1-3 土耳其加泰土丘
遗址（右）**
（资料来源：https://www.dou
ban.com/note/638773719/）

　　比恰塔尔休于晚些时间出现的耶利哥（又译作杰里科，在今天巴勒斯坦境内），位于约旦河西海岸，是世界上最古老并一直有人居住的城市之一（图1-2）。大约从公元前8000年开始逐渐有人定居，这座城市有坚固的城墙，还建有一座高9m的圆形石塔，城里有木柱支撑的泥砖房子。

　　土耳其的遗址加泰土丘于1960年被发现（图1-3）。这里形成了社会化的聚居生活模式。随后的1000年里，古代中亚的聚居地重心在幼发拉底河和底格里斯河流域之间移动。自公元前4000年开始，这里不断扩大形成了城市中心，如乌尔埃尔比勒和巴比伦城。

1.4.2　城市营造特征

　　世界早期各地城市的形成和营造，大都依从自然环境条件的共同法则。

　　（1）沿河发展、筑于高处

　　沿着河道发展城镇以满足灌溉、生活之需，并将重要的公共建筑、王宫府邸修筑于自然高地或人工高台上以抵御水患。

图1-4 古巴比伦城全景图
（资料来源：http://www.360doc.
com/content/17/0201/20/31728201_
625858883.shtml）

　　（2）建造城墙

　　为保护统治阶级的私有财产与加强军事防御，早期村落四周的土筑、木栅进一步发展为坚固的城墙，以＂空中花园＂著称的新巴比伦城甚至修筑了里外两道城墙（图1-4）。

　　（3）功能分区明确

　　一定的平面功能分区也在这时的城市中出现，如古埃及著名的卡洪城分为两区，阿玛纳城分为三区等。卡洪城建于公元前1900年，平面呈长方形，中间以厚墙划分为东西两部分（图 1-5）。西部为奴隶居住区，充斥大量棚屋；东部则由宽阔大道分为南北两区，北区为王公贵族住区，南区则为手工业者、商人及小官吏的住区。

建于公元前约 1600 年的河南偃师商城，是迄今发现最早的中国城市遗址之一。整座城市面积约 2km²，以中部高地上的宫城为中心，前后设有作为府库和营房的小城，普通居住区与手工作坊分别位于周围。

"各大文明城邑修建同源"的说法为大多数学者所认可，而古希腊和古罗马的城市建设是西方古代城市文明的重要见证与遗产。

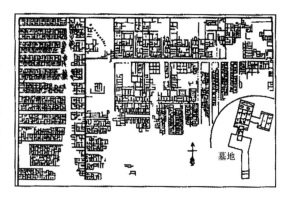

图 1-5　古埃及卡洪城平面图

（资料来源：沈玉麟. 外国城市建设史 [M]. 北京：中国建筑工业出版社，1989）

1.5　现代城市设计的起源

1.5.1　现代城市发展背景

18—19 世纪，随着物理学、力学等科学知识取得重大进展，欧洲资本主义相继完成工业革命，西方现代城市空间环境和物质形态由此产生深刻的变化。城墙因新武器的产生逐渐丧失军事防御功能；工业随着蒸汽动力的发明日益在城市集中，工业化大生产带来城市化的高速发展；机器化生产的劳动力需求引发大规模的人口迁徙，庞大的人口聚集使得城市急需快速地建设拓展；汽车等新型交通工具的运用也让传统城市尺度难以满足发展需求，这改变了城市形体环境的时空尺度，城市社会具有了更大的开放程度，城市设计由此面临新的机遇与挑战。

西方城市人口急剧膨胀与城镇蔓延生长的速度之快，远远超出了人们的预期与常规手段的驾驭能力。面对一系列的"城市病"，人们逐渐认识到，有规划的设计对于一个城镇的发展十分必要，只有通过整体的设计才能摆脱城镇发展现实中的困境。这一时期的城市规划设计曾取得显著成就，其中克里斯托弗·仑（Christopher Wren）主持的伦敦重建规划、奥斯曼的巴黎改建设计、朗方的华盛顿规划设计及阿姆斯特丹旧城改造均是这一历史时期具有代表性的案例。有关城市设计理想模式的探讨逐步展开，典型代表有美国的格网城市如纽约曼哈顿城市平面（图 1-6）、英国霍华德的"田园城市"理论（图 1-7）及其实践，赖特的"广亩城市"（图 1-8）等，其中勒·柯布西耶的"现代城市"模式（图 1-9）设想对后世城市建设影响很大。

英国学者埃比尼泽·霍华德是现代城市建设史上一位划时代的人物，

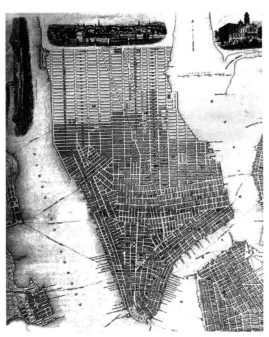

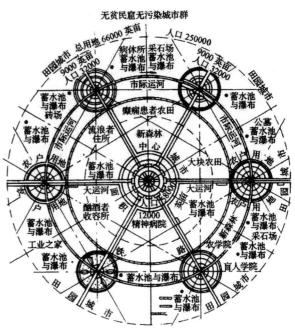

图1-6 纽约曼哈顿平面
（左）

（资料来源：Morris A. E. J.
History of Urban From：Before
the Industrial Revolutions[M].
3rd Edition. Harlow: Addison
Wesley Longman Limited,
1994：343）

图1-7 霍华德的"田园城
市"结构模式（右）

（资料来源：埃比尼泽·霍华
德. 明日的田园城市[M]. 金经
元，译. 北京：商务印书馆，
2010）

他针对现代社会出现的城市问题，从城市最佳规模分析入手，提出带有先驱性的规划思想，即"田园城市"理论设想（图1-7）。倡导社会改革，提倡建立城乡交融的"社会城市"，他的构思与设想不只限于形态设计和最佳人口规模的研究，而且附有图解和确切的经济分析。可以说，霍华德的分析方法是现代城市建设走向科学的一个里程碑。

马塔提出了"带形城市"的概念，试图建立以交通轴线为骨架的线形城市。戛涅的工业城市主张对城市内部进行工业、居住空间的严格划分，形成明确的功能分区。赖特的"广亩城市"理论（图1-8）和沙里宁的"有机疏散"理论均是倡导城市与自然相融合的理论代表。

勒·柯布西耶是现代建筑与城市规划的代表人物，主张功能主义、理性主义，认为城市必须通过技术手段实现集聚，他发表的"光明城市"提倡完善中心区的集聚功能，提倡高层高密度，重视绿地、阳光和空间及由铁路和高架道路组成的高效率城市交通系统（图1-9）。一套良好的城市发展总体物质环境设计与方案成为设计师们的追求，印度的昌迪加尔、巴西的巴西利亚和许多新城的设计建成，标志着这种规划设计思想的整体物质实现。巴西利亚虽然不是柯布西耶设计的城市，却是一座深受柯布西耶"现代城市"和《雅典宪章》思想影响下所规划出来的城市，并且它是世界上极少数从一无所有的平地上拔地而起的城市。

第二次世界大战以后，第三产业的大规模兴起导致欧美发达国家进行

经济结构调整，许多城市因此有再次发展的良好契机。现代城市设计，在内容、规模、技术水平以至形式、风格的丰富多彩等方面，都是前所未有的。现代城市的出现，带来了城市功能的多样化和复杂化，促使城市设计的指导思想和设计方法发生重大变化。各国在城市设计上进行了丰富的实践。例如，现有城市中心区、成片旧城区和旧街道的重建和改建，各种类型的新城（包括卫星城镇）、新居住区、城市广场和公共活动中心、大型交通运输枢纽、大型绿化地带（包括河滨、湖滨、海滨绿带等）的建设，都是经过城市设计建起来的。

英国的"大伦敦规划"是战后城市重建的代表，该规划将伦敦中心城区划分为四个圈层加以控制，并通过绿环隔离城市蔓延，集中体现了20世纪以来的西方城市规划思想。英国也是"新城运动"的代表，从1946年起一共经历了三代卫星城的建设，力图构建职住结合的新城，疏解中心城区的负荷。

在一阵席卷西方的"城市更新"运动以后，城市环境非但没有得到实质性改善反而进一步衰退，大批历史文化遗产遭到破坏，中高薪阶层向郊区迁出的"郊区化"势头有增无减。在此情况下，城市设计理论应运而生，一套在目标、方法、内容等方面更趋完善的现代城市设计体系逐步发展起来。

城市设计作为一个专业领域和一门学科的全面发展则始于1950年代末期西方建筑理论界对现代主义思想的反思与修正。北美地区是城市设计实践与发展的主要地区，以1956年在哈佛大学召开的首次城市设计会议、1957年美国建筑师协会成立城市设计委员会、1960年哈佛大学建立城市设计的研究生课程等一系列事件为标志，城市设计作为一门独立学科的地位得以确立，并有了明确的实用主义的研究方向。

图1-8 赖特的"广亩城市"意象（左）

（资料来源：http://www.archcollege.com/archcollege/2018/10/42188.html）

图1-9 柯布西耶的巴黎城市重建规划模型（右）

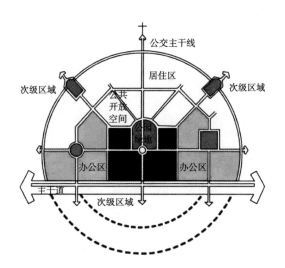

图 1-10　TOD 模式规划示意图
（资料来源：https：//dy.163.com/article/DF9753BF0518HJ52.html）

　　以美国为代表的西方国家为控制大城市的无序蔓延，纷纷展开了新的城市发展策略，新城市主义与精明增长是现代西方城市设计发展的主流方向。美国近年来集中展开了新城市主义的城市设计实践，TOD（图 1-10）与 TND 是两种典型的发展类型。精明增长的理念也深入人心，美国已有数十个州制定了各自的"精明增长法"与"增长管理法"。

1.5.2　现代城市设计理论基础

　　在目标上，现代城市设计将着眼点从静态的城市物质空间上升为空间的使用者，即社会生活中的人，主张真实、客观地满足人的需要才是设计的基点与评价的根本。为了真实获取与满足使用者的需要，传统"自上而下"的精英设计模式在现代城市设计中得到改进（表 1-1）。公众参与、市民服务思想与实践兴起，标志着现代城市设计在方法领域迈出了从主观到客观，从理想到现实的关键一步。

现代城市设计探索　　　　　　　　　　　　　　　　　　　　　　表 1-1

时间	代表人物	主题	主要内容	主要涉及学科
1955 年	十人小组 (Team 10)	人际结合	城市形态必须从生活本身的机制中发展而来，城市和建筑空间是人们行为方式的体现	建筑学
1960 年	凯文·林奇 (K.Lynch)	城市意象	通过城市形象使人们对空间的感知融入城市文脉中去	社会学、心理学、行为学、建筑学
1961 年	简·雅各布斯 (J.Jacobs)	美国大城市的死与生	城市是复杂而多样的，其必须尽可能错综复杂并且相互支持，以满足多种要求	社会学

续表

时间	代表人物	主题	主要内容	主要涉及学科
1965 年	达维多夫 (P. Davidoff)	倡导性规划与 多元主义	探讨决策过程与文化模式，指出通过过程机制 保证不同社会集团尤其是弱势团体的利益	社会学
1966 年	C·亚历山大 (C. Lexander)	城市并非树形	城市生活并非简单的树形结构，而是很多方面 交织在一起，相互重叠的半网状结构	社会学
1969 年	I·L·麦克哈格 (Ian L. McHarg)	设计结合自然	人工环境建设必须与自然环境相适配	生态学、环境学
1969 年	阿恩斯泰因 (S. Arnstein)	市民参与的阶梯	指出公众参与的不同层次与实质	政治学、管理学、 社会学
1960 年代	丹下健三、 黑川纪章等	新陈代谢	强调建筑与城市过去、现在、将来的共生， 即文化的共生	建筑学
1960 年代	赫伯特·西蒙 (H. A. Simon)	有限理性	在有限理性条件下的目标决策	管理学、计算机 科学
1972 年	大卫·哈维 (D. Harvey)	社会公正	按照人民福利的特定内容考虑城市建设政策的 制定与实施	政治学、社会学
1978 年	柯林·罗等 (C. Rowe)	拼贴城市	城市的生长、发展应该是由具有不同功能的部分 拼贴而成的	社会学
1978 年	埃德蒙·N·培根 (E. D. Bacon)	城市设计	在路上运动是市民城市经历的基础，找出这些 活动，有助于设计一种普遍的城市理想环境	建筑学、心理学、 行为学
1970 年代	M·卡斯特尔等 (M. Castells)	新马克思主义	城市规划设计的本质更接近于政治，而不是 技术或科学	社会学、政治学、 经济学
1981 年	乔纳森·巴奈特 (J. Barnett)	都市设计概论	城市设计不是设计者笔下浪漫花哨的图表模型， 而是一连串城市行政的过程	建筑学、政治学、 经济学、社会学
1987 年	简·雅各布斯 (J. Jacobs)	城市设计宣言	城市设计的新目标在于：良好的都市生活， 创造和保持城市肌理，再现城市生命力	社会学
1991 年	芦原义信	隐藏的秩序	城市中貌似胡乱布置背后存在的隐藏的秩序是 城市空间适合生活的根本原因	建筑学
1980— 1990 年代	因斯等 (J. E. Innes)	联络性规划	改变设计人员被动提供技术咨询和决策信息的 角色，运用联络互动的方法达到参与决策的目的	社会学
1990 年代	赞伯克等 (E. Zyberk)	新城市主义	强调以人为中心的设计思想，努力重塑多样化、 人性化、有社区感的生活氛围	建筑学、交通学
1990 年代	兰德宁等 (P. N. G. Lendenning)	精明增长	通过城市可持续的、健康的增长方式，使城乡 居民中的每个人都能受益	社会学、建筑学

设计方法也从专业人员简单的图板工作，发展为从调查、立项、分析、设计、评价、选择到融资、实施、管理、反馈的一系列动态过程。较之 1960 年以前的传统及近代城市设计，现代城市设计在内涵和外延方面都有了新的发展。它不再局限于传统的空间美学和视觉艺术，设计者以"人—社会—环境"为核心的城市设计的复合评价标准为准绳，综合考虑自然、社会、人文要素，强调包括生态、历史、经济等在内的多维复合空间环境的塑造，提高城市的"适居性"和人的生活环境质量，最终达到改善城市整体空间环境与景观的目的。

这一思想转变从 20 世纪城市规划和建筑界几份纲领性文件主题的演变中得以体现。现代主义理性思想的《雅典宪章》曾认为，城市建设起作用的主要是"功能"因素，城市应按照"居住、工作、游憩、交通"四大功能进行规划。直至 1977 年《马丘比丘宪章》直率地批评了现代主义机械式的城市分区做法，认为其否认了"人类活动要求流动的、连续的空间这一事实"，并强调创造一个综合、多功能的环境。1980 年年末，随着"可持续发展"思想的明确提出，不给后代发展造成障碍的生存模式成为人类追求的共同目标。正如 1999 年北京国际建筑师协会第 20 届会议纲领性文件《北京宪章》中所言，"走可持续发展之路是以新的观念对待 21 世纪建筑学的发展，这将带来又一个新的建筑运动"。

作业 1　基础知识的思考讨论练习

1. 思考题

问题 1：学者们对城市设计的概念综述主要包括哪几个方面？讨论还能从哪些方面来理解城市设计？

问题 2：实现城市设计目标的具体做法有哪些？谈谈你对所在城市设计目标的理解。

问题 3：如何科学地评价城市设计？任选一个角度评价你所在的城市。

问题 4：世界上最早出现城市的地域是哪里？早期城市营造的特征有哪些？你认为是什么因素促进或制约了城市设计的发展？

问题 5：现代城市设计是怎样发展的？理论基础有哪些？

问题 6：解读霍华德的"田园城市"结构模式平面图。

2. 作业形式

思考作业可在课中进行分组讨论，建议安排为 0.5 学时；也可作为课后思考拓展交流的问题，完成作业形式如下：

（1）课中思考讨论：请同学们分组（3~5 人／组）进行讨论，每组选择一个问题查阅相关资料，请一名同学讲述讨论结论，其余同学可补充发言。

（2）课后书面表达：请同学们在课后查阅相关资料，可以用问答题作答的书面表达形式，也可以采用树状图、思维导图等图示语言表达的形式回答思考题。

3. 查阅资料拓展

（1）利用网络搜索平台如百度或中国知网等，查阅相关资料。

（2）在微信公众号里搜索"城市设计""城市环境设计 UED""城市设计手册"等公众号，查阅相关资料。

（3）在图书馆或电子图书馆查阅资料。

二维码1-3　作业参考答案

2

Mokuai 2　Guowai Chengshi Sheji Fazhan

模块 2　国外城市设计发展

模块简介

本模块主要介绍国外城市设计的历史发展过程，内容主要包括古希腊城市、古罗马城市和中世纪的城市。通过介绍不同历史时期的城市案例，分析城市发展模式与形态特征，总结城市建设实践经验，建立对国外城市设计的认知。

学习目标

1. 了解古希腊城市设计的形态特征，为城市设计的空间组织能力与图示表现能力奠定理论基础。
2. 了解古罗马城市设计的形态特征和建设实践经验，奠定城市设计的理论基础。
3. 了解中世纪城市类型与城市形态特征，通过城市要素建立城市认知地图。

素质目标

在了解国外城市设计发展历史的基础上，开拓城市设计认知视野与格局，从更大的范围建立理论基础，构建思维认知地图，从城市设计的时间与空间维度综合提升专业素养，同时激发学生从城市设计的角度深刻理解人类命运共同体。

学时建议：2 学时，包含 1.5 学时讲授和 0.5 学时课中讨论。

作业 2　国外城市设计思考讨论练习
作业形式：课中思考讨论，课后书面表达。

作业 3　国外城市设计绘图练习
作业形式：用黑色水性笔绘于 A4 白纸、硫酸纸或速写本上。

二维码 2-1　课件　　二维码 2-2　视频

Chengshi Sheji Chubu

2.1　古希腊的城市设计

　　从时间跨度上，古典城市存在于公元前 8 世纪到公元前 6 世纪，古希腊、古罗马的出现，到公元 3 世纪罗马帝国分裂这一段历史时期内。古代希腊和古代罗马的城市建筑，代表古典时期的最高水平。古希腊是西方文明的发祥地，是西方思想体系的源头，在哲学、文学、艺术和史学等领域都诞生过许多伟大的思想家和不朽的作品。

2.1.1　城邦城市

　　公元前 8 世纪到公元前 6 世纪，毗邻西亚和北非的欧洲巴尔干半岛和亚平宁半岛的南端，出现了古希腊。希腊地区的地理特征是促成古希腊城市向特定方向发展的重要因素。在古希腊的诸多公共建筑以及建筑群中，最为显著的特征是追求人的尺度、人的感受以及同自然环境的协调，体现的是人本主义与自然主义的有机结合，最具有代表性的是雅典卫城。雅典卫城的建筑布局、自然环境及景观环境堪称西方古典建筑群体组合的最高艺术典范（图 2-1、图 2-2）。

　　卫城建在一个陡峭的山冈上，仅西面有一通道盘旋而上。建筑物分布在山顶上一处约 280m×130m 的天然平台上。卫城的中心是雅典城的保护神雅典娜的铜像，主要建筑是膜拜雅典娜的帕提农神庙，建筑群布局自由，高低错落，主次分明。无论是身处其间或是从城下仰望，都可看到较完整的丰富的建筑艺术形象。帕提农神庙位于卫城最高点，体量最大、造

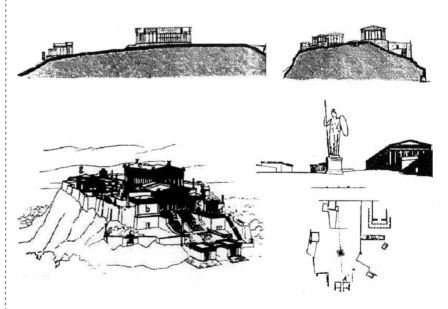

图 2-1　雅典卫城剖面图、
　　　　鸟瞰图、细部图
（资料来源：https：//m.wendan
gwang.com/doc/f4969f0688d168
167f538c3f/5）

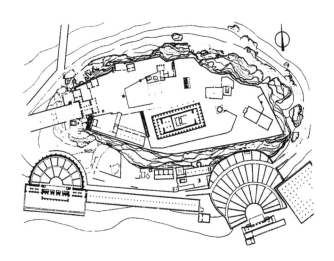

图 2-2　雅典卫城平面图
（资料来源：Chrustionher Tadgell.
古希腊 [M]. 苑受薇，译. 台北：
台北木马文化事业有限公司，
2021：108）

二维码 2-3　扫码高清看图

型庄重，其他建筑则处于陪衬地位。卫城南坡是群众活动中心，有露天剧场和长廊，全盛时期的雅典还曾进行大规模的城市公共建筑兴建（图 2-3、图 2-4），如剧场、俱乐部、旅店和体育场等，以营造更趋积极完善的公共生活氛围（图 2-5～图 2-7）。

图 2-3　雅典卫城神庙遗址
（资料来源：James D. Miller，
Rui Miguel Forte. Mastering Predictive
Analytics with R[M]. Packt Publishing）

图 2-4　雅典卫城神庙遗址
　　　　（左）

图 2-5　雅典卫城复原图鸟
　　　　瞰图（右）

（资料来源：https://www.archdaily.
cn/cn/895181/）

图 2-6 雅典卫城复原图立
面图
（资料来源：https://www.sohu.
com/na/454860849_ 120902217）

图 2-7 雅典卫城遗址整体
风貌（左）
（资料来源：https://www.archdaily.
cn/cn/895181/）

图 2-8 米利都城规划平
面图（右）
（资料来源：http://www.arch
college.com/archcollege/2018/
06/40819.html?preview=true&
preview_id=40819）

2.1.2 希波丹姆斯规划

公元前 5 世纪，来自米利都的希波丹姆斯（Hippodamus）被视为"城市均衡划分"的发明人，提出了一种深刻影响西方两千余年的关于城市规划形态的重要思想，希波丹姆斯因此被誉为"西方古典城市规划之父"。他认为城市"第一部分作文化用途；第二部分是公共用途；第三部分为私人属性"。整体布局中存在一种内在的规律、秩序与均衡。

他遵循古希腊哲理，探求几何与数的和谐，强调以棋盘式的路网作为城市骨架并构筑明确、规整的城市公共中心，以求得城市整体的秩序和美。这些几何状的城市铺设方式可实现场地的高效利用，通过逐步添加"由住房构成的块状街区"来延伸建设用地，从而系统性地推进城市发展。古希腊的海港城市米利都城（图 2-8）、普南城等都是这一模式的典型代表。

2.2　古罗马的城市设计

公元前后，古罗马逐步代替希腊成为欧洲地区的霸主，古罗马城市设计的思想基础主要源自伊特鲁利亚文化与古希腊文化。古罗马的地理位置最初是在现在的意大利境内，到图拉真皇帝（公元98—117年）执政期间，领土横跨欧亚非三洲。在罗马发展的早期，它可视作一个独立的城邦国家，具有与希腊城邦国家类似的特点。而地形条件对于国家发展，特别是疆域的界定和国家地域的扩张影响至关重要。与希腊地区到处都是重叠的山脉相比，罗马地区的亚平宁半岛却只有一条南北走向、不难翻越的亚平宁山脉，更加有利于统一，有利于更大范围内社会经济的发展，这是古罗马城市发展的基本条件。

2.2.1　城市形态特征

在古罗马时期，为突出体现政治、军事力量，城市设计强调街道布局，引进了主要和次要干道的概念，公共建筑被作为街道的附属因素（图2—9）。城市广场采用轴线对称、多层纵深布局，发展了纪念性的设计观念。古罗马时期的城市建设极大地满足了少数统治者物质享受和追求虚荣心的需要，从根本上忽视了城市的文化精神功能，其特征主要体现在以下几个方面。

（1）边界的确定

古希腊城市在建设初期，往往是没有城墙的，城墙是为了战争防御而事后添加的。而典型的罗马城市则不同，它从城墙开始建设，因此倾向于

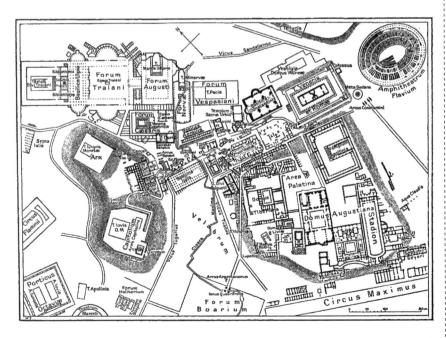

图2-9　罗马帝国时期罗马城市建筑群平面

采用矩形模式，矩形结构明确、简单有效、层次清晰。罗马的建设，城市修建坚固的城墙、大跨度的桥梁和远程输水道等战略设施，也呈现出军事化的特征。

（2）空间秩序强

古罗马城市格局的突出特征是街道的布局方式，一条是南北走向，一条是东西走向。十字交叉口曾经是宗教设立物的所在，但最终演化为纪念场所。代表崇高精神寄托的神庙建筑已经退居其次，公共浴池、斗兽场（图 2-10、图 2-11）、宫殿和剧场等建筑大量出现。空间秩序强烈的实用主义态度，城市规划追求的不是精神与自然、宇宙的和谐，而是与现实生活范围内的种种"现实"利益相关。凸显永恒的秩序思想，娴熟运用轴线对称、对比强调和透视手法等，建立起整体而壮观的城市空间序列（图 2-12），从而体现出罗马城市规划中强烈的人工秩序思想。

2.2.2　古罗马典型案例

（1）帝国广场

帝国广场（图 2-13）是城市中最具有代表性和统治性的空间要素之一，它以巨大的宗庙、华丽的柱廊、严整的空间来表达皇帝的权威及帝国的财富（图 2-14）。城市公共建筑布局、城市中心广场群乃至整个城市的轴线体系都投射出王权至上的理念与绝对的等级、秩序感。帝国广场是由奥古斯都广场和图拉真广场等多个广场组成的广场群。宏伟的建筑物围合成巨大的空间，各广场之间通过彼此垂直的轴线相互联系，形成一个更为宏大的系统。

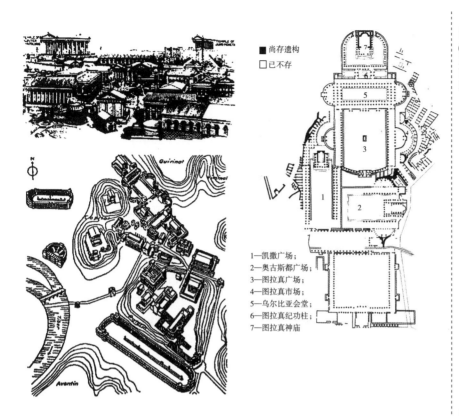

■ 尚存遗构
□ 已不存

1—凯撒广场；
2—奥古斯都广场；
3—图拉真广场；
4—图拉真市场；
5—乌尔比亚会堂；
6—图拉真纪功柱；
7—图拉真神庙

图 2-13　罗马中心区广场群
（资料来源：傅朝卿．西洋建筑发展史话：从古典到新古典的西洋建筑变迁 [M]．北京：中国建筑工业出版社，2005：115）

（2）提姆加德城市

古罗马的营寨建设，如北非城市提姆加德，基本继承了希波丹姆斯的格网系统（图 2-15），垂直干道丁字相交，交点旁为中心广场，全城道路均为方格式，街坊形成相同的方块，主干道起讫处设凯旋门，彼此之间以柱廊相连（图 2-16）。

图 2-14　罗马帝国广场图拉真纪功柱（左）
（资料来源：http：//travel.qunar.com/p-pl4819024）

图 2-15　提姆加德城平面图（右）
（资料来源：贝纳沃罗．世界城市史 [M]．薛忠灵，等译．北京：科学出版社，2000：263）

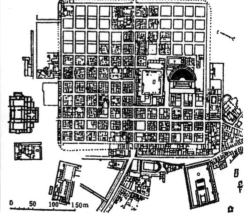

图 2-16　罗马提姆加德城市遗址

（资料来源：Ethel Davies 摄，北京全景视觉网络科技股份有限公司）

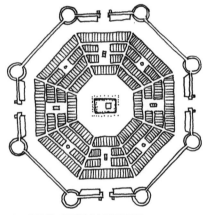

图 2-17　维特鲁威理想城市平面示意

（资料来源：https://page.om.qq.com/page/O9NjJweguoAs GE8GDJlr7H_A0）

图 2-18　罗马圣彼得教堂前广场

（资料来源：http://www.lemeitu.com/photo/5625.html）

2.2.3　城市建设实践经验

鉴于古罗马城市设计与城市建设的高度发展，古罗马御用建筑师维特鲁威在公元前 1 世纪，总结了当时的建筑经验后写成《建筑十书》，对自古希腊以来的城市、建筑实践进行总结，提出了城市建设的理论纲领与理想的城市模式。

维特鲁威最早提出建筑的三要素——"实用、坚固、美观"，首次谈到了把人体的自然比例应用到建筑的丈量上，并总结出了人体结构的比例规律。在维特鲁威所绘制的理想城市方案中（图 2-17），平面为八角形，城墙塔楼的间距不大于弓箭射程，便于防守者从各个方面阻击攻城者；城市道路网为放射环形系统，为了避强风，放射道路不直接对着城门；在城市中心设广场，广场的中心建庙宇。这套思想成为西方工业化以前有关城市建设的基本原则，并对其后文艺复兴时期的西方城市设计者有着重要的影响。

从整体而论，古罗马的城市建设是在继承希腊、亚洲和非洲等地区已有成就的基础上，结合民族自身特点发展起来的，并在建设活动与规模、空间层次、形体组合和工程技术等方面达到一个新的高峰。如意大利首都罗马圣彼得教堂前广场（图 2-18），广场略呈椭圆形，地面用黑色小方石块铺成。两侧由两组半圆形大理石柱廊环抱，形成三个走廊，恢弘雄伟。这两组柱廊为梵蒂冈的装饰性建筑，共由 284 根圆柱和 88 根方柱组合成四排，形成三个走廊。

2.3　中世纪的城市设计

在古罗马的废墟上，建立起了欧洲封建制度。从东西罗马分裂直至 14—15 世纪，这一时期通常被称为中世纪。正是这一时代孕育了欧洲的商业文明和城市文化，完成了思想、经济、制度、技术的全方位积累，长达千余年的中世纪为文艺复兴时期的到来奠定了基础。

2.3.1　城市类型

中世纪城市主要分为三种类型：第一种是要塞型，即罗马帝国遗留下来的军事要塞居民点，其后发展成为新的社区和适于居住的城镇；第二种是城堡型，主要从封建主的城堡发展起来，周围设有教堂或修道院，教堂附近的广场成为城市生活的中心；第三种是商业交通型，这类城市主要兴起于公元 10 世纪前后，西欧社会出现了普遍的生产力恢复与经济繁荣，手工业和商业活动活跃起来，在一些处于交通要道位置的节点，包括早期的要塞与城堡，出现了人口的聚集与城市的复苏。并借着商人、手工业者、银行家为主体的市民阶层通过各种斗争取得"城市自治"的契机，获得长足的发展，如巴黎、威尼斯、佛罗伦萨（图 2-19、图 2-20）、热那亚、比萨等一批享誉古今的欧洲城市都是在这一时期逐步兴起的。

以威尼斯为例，威尼斯是世界著名的水城，它的大街小巷与水和桥形成特殊的城市建筑风貌（圣马可广场：图 2-21~图 2-23；威尼斯水城风貌：图 2-24、图 2-25）。大水道是贯通威尼斯全城的最长的街道，它将城市分割成两部分，有些水道十分狭窄，两条船不能并开，只能单行。两岸有许多著名的建筑，底层大多为居民的船库，连接街道两岸的是各种各样的石桥或木桥。

图 2-19　16 世纪佛罗伦萨平面

（资料来源：南欧的广场 [J].Process，1980（16）：44）

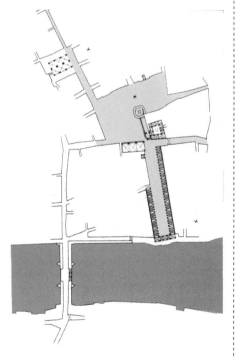

图 2-20　佛罗伦萨的中世纪广场平面

（资料来源：埃德蒙·N·培根.城市设计 [M].黄富厢，朱琪，译.北京：中国建筑工业出版社，2003）

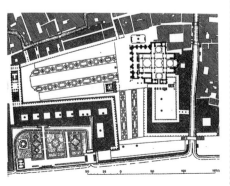

图 2-21　威尼斯圣马可广场平面

（资料来源：王瑞珠.国外历史环境的保护和规划 [M].台北：淑馨出版社，1993：311）

图 2-22　威尼斯圣马可广场鸟瞰（1）

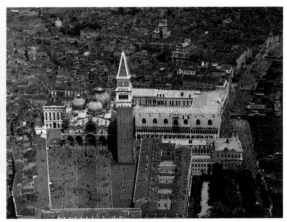

图 2-23　威尼斯圣马可广场鸟瞰（2）

（资料来源：南欧的广场 [J]. Process，1980（16）：69）

图 2-24　威尼斯水城（1）

（资料来源：http：//bbs.zol.com.cn/dcbbs/d167_429535.html）

图 2-25　威尼斯水城（2）

（资料来源：http：//bbs.zol.com.cn/dcbbs/d167_429535.html）

二维码 2-5　扫码高清看图

二维码 2-6　扫码高清看图

2.3.2　城市形态特征

（1）与自然环境契合

中世纪的城市一般选址于水源丰富、粮食充足、地形易守难攻的地区，并在四周修筑城墙加以防护。同时，非常强调与自然地形的有机契合，它们充分利用河湖水面与茂密山林，使人工环境与自然风光之间相互依存、相得益彰。

（2）自发的城市生长模式

中世纪的城市平面布局都基于不规则的交通系统和营造模式。城市形态体现为复杂而又四通八达的街道系统，密集而均质的城市肌理，丰富而又连续的道路界面。街道系统是中世纪城市最为显著的特征，也是其城市形态稳定性和延续性的最关键的要素。在漫长的城市生长演变的过程中，往往是街道保留了其最初的特点，赋予了城市结构上的稳定性。

（3）功能分区

中世纪的城市营造，其重要标志是城市与农村之间明确的区分（内与外）、城区内的功能分区（商业购物区、手工业区等），以及较为不规则的城市结构（与网络框架状的罗马城市基础相比）。从外部观察，在开阔宽敞的乡村环境中，城市是几乎一体化的构筑物，带有封闭性的城墙。

（4）教堂的地位

教堂是整个城市中最为庞大和显赫的建筑，成为整个城市控制一切的形态中心，与周围的世俗建筑形成鲜明对比。中世纪欧洲城市的整体结构、空间组织甚至是社会活动，几乎都是围绕大大小小的教堂展开的。通常，具有一定名声与规模的教堂占据着城市最中心的位置，城市道路以此为中心向周边辐射开去，形成曲折多变、密如蛛网的环形放射路网。

（5）广场的结构

与教堂联系在一起的是城市广场，它是承载市民精神活动、世俗生活与群众娱乐性活动的中心。在中世纪的建筑作品中，引人注目的是托迪城两个相互连锁的广场设计（图 2-26）。其中较小的一个广场中央，有着一座 Garibaldi 塑像在俯视着起伏的翁布里亚（Umbria）平原，并把乡村的精神融入城市中来。广场一角与中央广场德尔·波波洛广场的主体搭接，从而建立起两个广场之间的一个公共的特别强烈而有影响力的小容量空间。代表公共生活中两项主要职能的建筑位置在平面设计中和竖向关系方面，都是精确地加以确定的。德尔·波波洛广场和教堂的入口平面都被抬高到公共广场以上它们各自的层面，经由一大段台阶而出入（图 2-27~ 图 2-29）。

（6）边界

边界包括城墙、壕沟、护城河等多种形式，对边界的强调主要是考虑军事上的作用，以便在封建割据的时代使城市里的人获得一种安全感。边界对于城市的意义不仅是军事和防卫功能，而且是一种界限的象征。

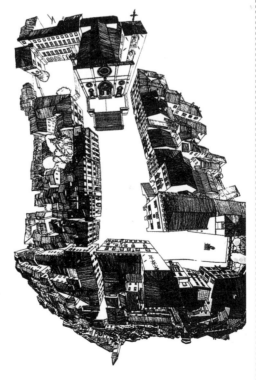

图 2-26　托迪城连锁广场鸟瞰

（资料来源：埃德蒙·N·培根. 城市设计[M]. 黄富厢，朱琪，译. 北京：中国建筑工业出版社，2003）

图2-27 托迪城广场剖
面图

（资料来源：埃德蒙·N·培根.
城市设计[M].黄富厢，朱琪，译.
北京：中国建筑工业出版社，
2003）

图2-28 托迪城广场照片
（1）（左）

（资料来源：埃德蒙·N·培根.
城市设计[M].黄富厢，朱琪，译.
北京：中国建筑工业出版社，
2003）

图2-29 托迪城广场照片
（2）（右）

（资料来源：埃德蒙·N·培根.
城市设计[M].黄富厢，朱琪，译.
北京：中国建筑工业出版社，
2003）

作业2　国外城市设计思考讨论练习

1. 思考讨论题

问题1：古希腊雅典卫城的布局特点？这一时期城市的发展模式和形态具有什么特征？

问题2：古罗马的城市设计有什么特征？有什么值得我们现在借鉴的实践经验？

问题3：请用三句话总结中世纪城市设计具有什么样的特征？

2. 作业形式

思考作业可在课中进行分组讨论，建议学时安排为0.5学时；也可作为课后思考拓展的问题，完成作业形式如下：

（1）课中思考讨论：请同学们分组（3~5人／组），每组选择一个问题进行讨论作答，请一名同学讲述讨论结论，其余同学可补充发言。

（2）课后文字表达：请同学们在课后查阅相关资料，用清晰的思路分条写出思考题答案，简练地总结要表达的内容。

二维码2-7　作业参考答案

作业 3　国外城市设计绘图练习

1. 绘图题

（1）还有哪些城市是希波丹姆斯式的城市设计？请查阅资料抄绘 1~2 个城市的平面图。

（2）选取 1~2 个你认为具有鲜明特征的古希腊、古罗马城市，绘制平面图和城市鸟瞰图。

（3）选取 1~2 个你喜欢的国外城市设计节点空间照片（城市广场、城市街道等），用钢笔抄绘。

2. 作业形式

用黑色水性笔绘于 A4 白纸、硫酸纸或速写本上。

二维码 2-8　作业参考答案

3

模块 3　中国城市设计发展

模块简介

本模块主要介绍我国古代城市营造的思想渊源、各级各类城市的发展以及我国城市的形制特征。按时间脉络梳理历代城市设计的发展，以案例的形式介绍先秦时期、秦咸阳、西汉长安城、东汉洛阳、曹魏邺城、吴都、隋大兴、唐长安城、元大都和明清北京城的城市设计发展，从而熟悉我国城市发展的梗概，为城市设计项目实践奠定历史知识基础。

学习目标

1. 了解城市设计的历史发展过程，掌握不同时期城市的形态特征，为城市设计的空间组织能力与图示表现能力奠定理论基础。
2. 理解我国城市设计的思想渊源、各级各类城市发展及历代城市发展营造的特征。
3. 认识历代城市设计平面图，为城市设计的绘图能力提供案例支撑。

素质目标

从我国城市历史发展的角度认识城市设计，了解各个时期与朝代城市的形制特征，增强学生的文化自信、民族自信，从城市发展的角度深刻认识中华民族最深层的精神追求与城市实践，激发学生的家国情怀和使命担当，培养学生精益求精的大国工匠精神。

学时建议：2 学时，包含 1.5 学时讲授和 0.5 学时课中讨论。

作业 4　中国城市设计思考讨论练习
作业形式：课中思考讨论，课后书面表达。

作业 5　中国城市设计绘图练习
作业形式：用黑色水性笔绘于 A4 白纸、硫酸纸或速写本上。

二维码 3-1　课件　　二维码 3-2　视频

中国是世界四大文明古国中唯一文明延续至今的，中国城市建设与发展在历史上留下了极其丰富而珍贵的遗产，取得过杰出的成就。考古发掘证明，中国古代城市始于夏，西周时期迎来第一次城市建设高潮，春秋战国时期列国分立、战争频繁，社会经济长足进步，第二次城市建设高潮发生在这一时期。对春秋战国时期的古城遗址研究证明，这时城市的规模已经很大，城市功能复杂。从三国开始，中国古代城市规划有明确的意图，有整体综合的观念，有处理大尺度空间的丰富艺术手法，也有修建大型古代城市的高超技术水平，在城市建设中发挥了重要作用。

3.1 中国古代城市营造

3.1.1 城市营造的思想渊源

"礼制"是中国古代城市设计的主要思想渊源之一。

"礼"的出现源自中国古人对"天"的崇拜，人们尊崇天，进而也尊崇以"天子"自居的历代君王。自周朝开始，随着社会制度的发展，"礼"的概念逐步扩展为敬天祭祖、尊统于一、严格区分贵贱尊卑的一系列为政治统治服务的等级制度与规范。以礼制思想为基础，结合《周易》等中国古代朴素的哲学思想，公元前11世纪形成了我国早期相对完整的、有关城市建设形制、规模、道路等内容的"营国制度"（图3-1），如"匠人营国，方九里，旁三门，国中九经九纬，经涂九轨，左祖右社，前朝后市，市朝一夫"。其中，"三""九"之数暗合周易"用数吉象"之意；宫城居中，尊祖重农、清晰规整的道路划分则体现出主次有序、均衡稳定的导向。《周礼·考工记》中对周代的城市建设制度有明确的记载。城的大小因受封者的等级而异，城内道路的宽度、城墙的高度和建筑物的颜色都有等级区分（图3-2~图3-4）。

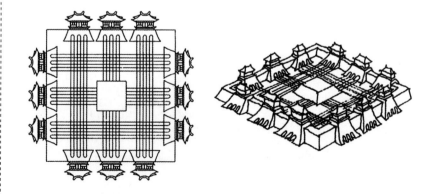

图3-1 营国制度平面图解（左）
（资料来源：中国数字科技馆）

图3-2 周王城轴测图（右）
（资料来源：哲匠之家）

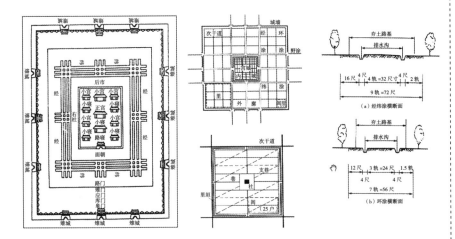

图3-3 周王城平面格局图（左）
（资料来源：明《永乐大典》）

图3-4 周王城规划的道路系统（右）
（资料来源：https://m.51wendang.com/doc/b3c3e18321daf40c0751e550/2）

管子最早阐述了生产发展与城市发展的关系。

管子提出开垦土地、发展农业生产与商业是城市发展的基础。《乘马》中说"因天才，就地利，故城郭不必中规矩，道路不必中准绳"。管子的思想主张注重实际，不求形式规整，因地制宜，与礼制等级思想形成鲜明对比。

中国古代城市一般都重视城市的选址。《管子》一书中就反对商周以来用占卜确定营邑的方法，提出"凡立国都，非于大山之下，必于广川之上，高毋近旱而水用足，下毋近水而沟防省"的原则，主张建设城市要选择依山傍水的地形，以免受旱涝之害，节省开渠引水和筑堤防涝的费用。

《管子》是中国古代城市设计思想发展史上一本极为重要的著作。它打破了城市单一的周制布局模式，从城市功能出发，建立了理性思维和与自然环境和谐的准则。另一本战国时期的重要著作《商君书》从城乡关系、区域经济和交通布局的角度对城市发展及管理制度等问题进行了阐述。书中论述了都邑道路、农田分配及山陵丘谷之间比例的合理分配问题。

3.1.2 各级各类城市的发展

中国古代城市的类型从秦始皇起，就实行中央集权的郡县制。城市的职能很大程度上同行政管辖权限相关。有全国政治中心的都城，如隋大兴城、北宋开封城、明清北京城等；也有地区性的中心城市如州郡的治所。元明以后，行政区划逐渐形成"省"的建制，省会就是地区性的政治、军事、经济、文化中心，如太原、济南、南昌等。还有省以下地区性的政治、经济中心城市，或称府，或称州，如南阳、大同、潮州、泉州等。再细分则是数量很多的县城。

各级政治中心城市的规模不等。但都是不同官府、衙门在其中占据主要地位，并建有寺庙和文化机构，如孔庙、学宫等。都城规模较大，一般每边设三个城门，干道正对城门，有内城、宫城等几重城墙。府城、州城，一般每边两个城门，道路骨架呈"井"字形，城中有的也有王城或衙城（或称子城）。县城规模较小，通常是每边一门，道路呈"十"字形。

中国古代还有一些边防、海防城市。明代沿长城内侧，按一定的距离和防御建制，建立不同等级和规模的城和堡，如宣化、榆林、左云、右玉等；在沿海要冲也建造了一些防卫性的城镇，如威海卫、金山卫、镇海卫等。这些防御城堡如无经济上的作用，当政治形势变化而失去防御作用时，就容易衰落下去。

中国古代在一些交通要津（如江河交汇处），出现一些商业城市，如运河与长江交汇处的扬州，嘉陵江汇入长江处的重庆，汉水与长江交汇处的汉口等，这些城市人口稠密，商业繁荣，城市布局有自发发展的倾向，城市生活中心靠近河道码头。中国古代还有少数以手工业为主要职能的城镇，如陶瓷业中心景德镇、盐业中心自贡等。

中国古代城市有一部分是按照规划意图，平地建造起来的，如一些新建的王朝都城——隋大兴、元大都等。它们功能分区明确，平面严整规则。另一部分城市是由于所处地理位置优越，有经济基础，逐渐发展或经重建、扩建而成的，如南京、成都、苏州等。有些城市由于受地形条件的限制，整个城市平面不甚规整，但内城（子城或宫城）部分却是按规划建造的，比较方正规则。

3.1.3 中国城市的形制特征

中国古代城市的道路网多为方格形。这种街道便于交通，街坊内便于布置建筑。汉长安城中即有集中的市，设官吏管理。唐长安城集中设置的东市、西市规模很大，按行业设肆。北宋开封城则将道路和商业结合起来，沿街设店，形成繁华的商业街。汉长安城中就有作为居住区单位的里；唐长安的里坊有坊墙、坊门，严格管制。宋以后的城市虽有里坊名称，但已无坊墙、坊门。

中国古代按规划建造的城市呈现中轴线对称的平面布局。既统一又富于变化的空间处理手法，是中国古代城市布局的传统特征。这种布局的渊源有二：一为中国传统的内向庭院式低层建筑群所具有的主次分明，以中轴线突出主要建筑物的布局手法；二为中国封建社会中反映封建统治阶级意图的不正不威的等级观念和秩序感。

中国古代城市规划重视水源的利用和城市的绿化。北方城市如唐长安、宋开封和元大都，都因地制宜地把水流引入城内，在总体布局上把城市建筑和水面、绿地巧妙地结合起来，既满足了生活用水的需要，也美化和改善了环境。不少南方城市的规划更注意利用河流的舟楫之便，有的还在城中因势开辟一套与街道相辅的河道网，供交通和排水之用，形成独特的城市布局结构。古代城市的建设与园林绿化往往是同时进行的。帝王苑囿和私家园林虽为宫廷和私人所独占，但对美化城市面貌和改善城市小气候都有一定的作用。

3.2 历代城市设计发展

3.2.1 先秦时期

先秦时期城市的演变可分为三个互相继承但又各具特色的发展时期，即肇始期、确立期和转型期。

第一阶段，肇始期：约仰韶后期到龙山时代阶段，即距今 4000 年至 5500 年之间的铜石并用时代。社会特征处于万邦林立的初期国家阶段，城市诞生萌芽。

第二阶段，确立期：约夏商周时期（公元前 21 世纪至公元前 771 年），社会特征为共主支配下的广域王权国家。城市类型包括王朝都城、方国城、周边邦国部族城。城市特征有：宫庙一体，以庙为主构成这一时期宫室建制的一大显著特色；城垣的有无尚未形成定制；城市总体布局较为松散和缺乏统一规划。

第三阶段，转型期：约春秋战国时期（公元前 770 年至公元前 221 年），政治、军事、经济形势促进城市的进一步发展，导致其功能与性质的巨大转变。这种变革可归纳为大规模的筑城运动和城郭布局的形成两大方面，形成城郭相连的两城制形式。

（1）春秋战国时期的城市形制

形成了大小套城的都城布局模式，从遗址看，有王城和外郭的区分，即城市居民居住在称之为"郭"的大城，统治者居住在称为"王城"的小城。列国都城基本上都采取了这种布局模式，反映了当时"筑城以卫君，造郭以守民"的社会要求。曲阜鲁国故城（图 3-5）和郭呈"回"字形；燕下都遗址、邯郸赵国故城、郑韩故城是城和郭并列；临淄齐国故城则王城位于外郭内西南角。

图 3-5 鲁国故城遗址平面图

（资料来源：作者根据资料改绘）

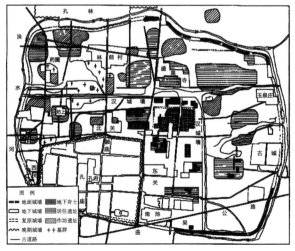

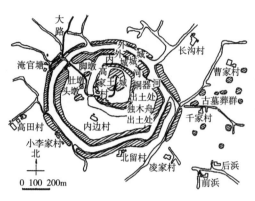

图 3-6 战国时期淹城平面图（左）
（资料来源：百度百科）

图 3-7 淹城实景鸟瞰（右）
（资料来源：https://www.51wendang.com/doc/a0baadca57025ca7bd4a0268/10）

图 3-8 咸阳宫城垣范围及其建造遗址分布图（左）
（资料来源：赵荣，李郁.西安文化遗产辑录[M].西安：陕西新华出版传媒集团，三秦出版社，2021）

图 3-9 秦咸阳一号宫殿遗址初步复原图及复原透视图（右）
（资料来源：赵荣，李郁.西安文化遗产辑录[M].西安：陕西新华出版传媒集团，三秦出版社，2021）

（2）春秋淹城遗址

淹城，是春秋战国时期三城三河的地面城池，考古证实距今已有 2700 余年历史，是国内保存最完整、形制最独特的春秋地面城池遗址（图 3-6），其"三城三河"的建筑形制独特，可在淹城实景鸟瞰（图 3-7）中窥见一斑。遗址东西长 850m，南北宽 750m，总面积约 65 万 m^2，其体量恰与《孟子》"三里之城，七里之郭"的记载吻合。

3.2.2 秦咸阳

秦统一中国后，在城市规划思想上也曾尝试过统一，发展了"相天法地"的理念，即强调方位，以天体星象坐标为依据，布局灵活、具体。秦代城市的建设出现了不少复道、甬道等多重城市交通系统，在城市设计史中具有开创性意义。城市形态以宫廷为建构的核心，以水系为骨架，以渭水为主轴展开。

咸阳从秦孝公起，经秦国七代国君长达 144 年（公元前 350 年至公元前 206 年）的经营，其地处渭水流域，北依九崚山，南屏终南山，有"据山河之固，东向以制诸侯"的战略地理条件。秦咸阳在中国古代历史上独具一格（图 3-8），磅礴的气势、宏大的设想（图 3-9），反映了秦代开国、革新进取的雄心。

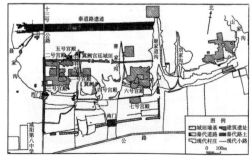

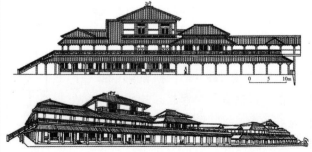

3.2.3　西汉长安城

汉代国都长安的遗址发掘表明，城市布局不规则，没有贯穿全城的对称轴线，宫殿与居民区相互穿插，说明周礼制布局在汉朝并没有在国都规划实践中得到实现。张衡的《西京赋》谓汉长安规划"览秦制，跨周法"。先修宫城，后修城墙。历汉高祖、汉惠帝、汉武帝三代，才初具规模。平面呈不规则正方形，缺西北角，俗称"城南为南斗形，北为北斗形"，或称汉长安城为"斗城"。未央宫复原图如图 3-10 所示。

王莽代汉取得政权后，受儒教的影响，在城市空间布局中导入祭坛、明堂、辟雍等大规模礼制建筑，在各国都邑的规划建设中均有充分的表现。洛邑城空间规划布局为长方形，宫殿与市民居住生活区在空间上分隔，整个城市的南北中轴上分布了宫殿，强调了皇权，周礼制的规划思想得到全面体现。汉长安城城市规划如图 3-11 所示。

3.2.4　东汉洛阳

经过西汉末年的战乱，长安破坏严重，人口锐减，城市凋敝。东汉洛阳城沿用了秦、西汉时期的故址，南北纵达九里，东西横至六里，号称"六九城"。全城四面各开设 3 门，共计 12 座城门（图 3-12）。城门皆有亭，各有 3 个门道，中间为御道。南面的平城门最显赫，直通皇宫，皇帝到郊外祭祀由此门出入。出平城门南下，有明堂、灵台、辟雍。

洛阳城内有南宫、北宫两座主要宫殿。

南宫面积约 $1.3km^2$，南北长约 1300m，东西宽约 1000m。南宫是皇帝议政和受群臣朝贺的地方。北宫位于洛阳城北，略为偏西。北宫南北长约 1500m，东西宽约 1200m，面积约 $1.8km^2$，大于南宫，是皇帝和嫔妃寝居之所。南北两宫均设四门，二宫之间以复道相连。

3.2.5　曹魏邺城

三国时期曹魏的都城邺城在规划布局中已经采用城市功能分区的布局方法。邺城继承了战国时期以宫城为中心的规划思想，虽然规模不大，但它是一个有整体

图 3-10　未央宫复原图

（资料来源：https://baike.baidu.com/item/未央宫/22415）

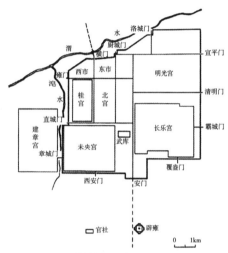

图 3-11　汉长安城城市规划图

（资料来源：作者根据资料改绘）

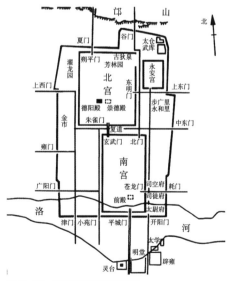

图 3-12　东汉洛阳城复原示意

（资料来源：王绣，霍宏伟.洛阳两汉彩画[M].北京：文物出版社，2015：10）

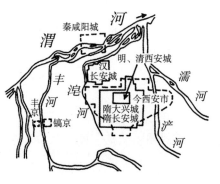

规划，分区明确，结构严谨，城市交通干道轴线与城门对齐，道路分级明确，以主要干道和宫殿建筑群形成中轴线布局的城市（图 3-13）。

邺城是东西向的长方形城市，邺城南、北垣各长 3024m，东、西垣各长 2160m，面积为 6.53km²。邺城北部为皇宫、禁苑和贵族居住区，南部为官衙和居民区，形成明确的分区。从宫城端门通往邺城正南门中阳门的干道，又形成一条宽阔笔直的中轴线，与东西干道构成丁字骨架。

城南被街道分为方格网的居民区，称为里。实行"里市分设"的制度，有三市。

3.2.6 吴都建业

吴都建业，为今南京市。原名秣陵，后孙权改名建业，取"建功立业，统一天下"之意。城市布局大体上是仿东汉洛阳城的规模，周围二十里十九步，每边长约五里。宫城位于都城的中部偏北，由太初宫、昭阳宫和苑城组成。苑城，是东吴的皇家花园和皇宫卫队的营地。商业区与居民点主要分布在苑路南端，秦淮河两岸，并沿着秦淮河的东、西、南三个方向延伸，其中最繁华的是横塘和长干两个区域。建业外围设有石头城、金城、白马城、冶城和丹阳郡等防卫城，以保卫建业。

3.2.7 隋大兴

新城位于汉长安城之东南（图 3-14），这里是龙首原之南，北距渭水较远，其南地带开阔，平原面积大，有发展余地，自然环境优美。大兴城的营建，先修宫城，即大兴宫。修完的大兴城，北临渭水，东有灞水、浐水，漕渠运输十分方便。城南对终南山，西有秦代阿房宫及汉昆明池等遗址，北有皇帝的禁苑，并将汉长安城也纳入禁苑之中。

3.2.8 唐长安城

隋唐长安城的规划是中国古代最杰出的城市规划成就之一，公元 582 年由城市规划家宇文恺制定。规划布局上，形成中轴对称、坊里均布、分区明确、街道整齐、宫城居北、方正宏大的规划格局。

唐长安分外郭城、皇城、宫城三部分（图 3-15）。

外郭城：京城，是一般居民和官僚的住宅区，也是长安城的商业区。为东西较长、南北较窄的长方形，东西宽 9721m，南北长 8651.7m。郭城在东、西、南三面拱卫着皇城和宫城。

皇城：又叫"子城"，唐朝廷中央机关所在地。

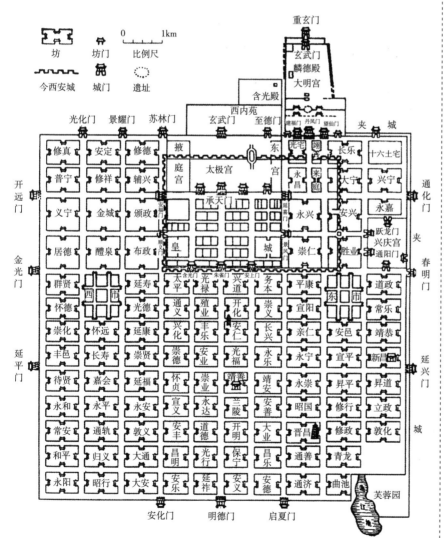

图 3-15 隋唐长安城平面示意图

（资料来源：庄林德，张京祥. 中国城市发展建设史[M].南京：东南大学出版社，2002：59）

宫城：是皇帝和皇族居住的地方，也是皇帝处理朝政的场所。宫城位于都城北部正中，分为三部分：太极宫、东宫和掖庭宫。宫城南面设 5 个门，北面设 3 个门。

城市干道系统有明确分工，里坊制发展。

城市道路系统、坊里、市肆的位置体现了中轴线对称的布局，市内有"井"字形大街。里坊制在唐长安得到进一步发展，坊中巷的布局模式以及城市道路的连接方式都相当成熟。

设集中的东西两市。

长安有东西两市。东市原为隋代的"都会市"，西市原为隋代的"利人市"。两市各占两坊之地。长安人口约百万，人口构成复杂，分布上东半部多于西半部，北半部多于南半部。东市是四方财物的集散地，有 220 行。西市又称"金市"，店肆与东市略同。盛唐以后，西市的繁荣超过了东市，外国商人多聚集在西市。位于松花江一带的渤海国上京龙泉府、日本的平安京和平城京都仿效隋唐长安城布局。

宋代街巷制度出现。

五代后周世宗柴荣和宋初进行的大规模的改建和扩建，形成了宫城居中的三套城墙的布局。从宋代开始，中国城市建设延绵了数千年的里坊制度逐渐被废除，里坊制的解体对中国的城市格局影响较大，使得城市中的商业设施大量增加，出现了各类公共休闲建筑。在北宋中叶的开封城中开始出现开放的街巷制度。街巷制成为中国古代后期城市布局与前期的基本区别特征，这种布局方式影响了金中都、元大都、明清北京城的规制。

3.2.9　元大都

元大都是完全按照规划建设起来的都城，由城市规划家刘秉忠主持规划，采用汉民族传统的都城规划原则，布局严整对称，南北轴线与东西轴线相交于城市的几何中心。元大都城的城市规划恪守传统儒家的都城设计方案和《周礼·考工记》提出的前朝后市、左祖右社的原则（图 3-16）。

元大都的皇城，坐落在都城正南方偏西的位置上，以太液池为中心，东岸建有宫城和御苑；西岸建有隆福宫和兴圣宫，以及西苑等。太液池中，另有两组建筑群，一是万岁山上以广寒殿为主体宫殿；二是建在瀛洲上的仪天殿，也就是今天团城的位置。皇城内，在大小宫殿之间，还建有各种储物的仓库、服务机构、办事的衙署等。

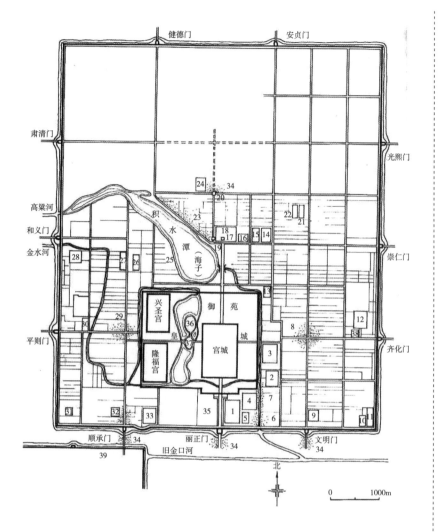

图 3-16　元大都平面复原图

（资料来源：潘谷西．中国建筑史 [M]. 7 版．北京：中国建筑工业出版社，2015：72）

1—中书省；2—御史台；3—枢密院；4—太仓；5—光禄寺；6—省东市；7—角市；8—东市；9—哈达王府；10—礼部；11—太史院；12—太庙；13—天师府；14—都府（大都路总管府）；15—警巡院（左、右城警巡院）；16—崇仁倒钞库；17—中心阁；18—大天寿万宁寺；19—鼓楼；20—钟楼；21—孔庙；22—国子监；23—斜街市；24—翰林院、国史馆（旧中书省）；25—万春园；26—大崇国寺；27—大承华普庆寺；28—社稷坛；29—西市（羊角市）；30—大圣寿万安寺；31—都城隍庙；32—倒钞库；33—大庆寿寺；34—穷汉市；35—千步廊；36—琼华岛；37—圆坻；38—诸王昌童府；39—南城（即旧城）

3.2.10　明清北京城

中国古代的城市，特别是都城和地方行政中心，往往是按照一定的制度进行规划和建设的。明清北京城的规划布局，严格遵循《周礼·考工记》的原则。明北京城是在元大都的基础上建成的，元大都被完整地保留下来，但更加雄伟壮丽，成为中国古代城市规划的杰出典范（图 3-17）。

明北京城平面呈"凸"形，外城包着内城南面，内城包着皇城，皇城又包着紫禁城。每城周围又绕着宽且深的护城河。中轴线纵贯南北，长达 8km。外城南面正中的永定门是起点，皇城后门之北的钟鼓楼是终点。街巷排列采取方正平直的形式。全城共分 36 坊，内城街道在长安街以北，仍沿用元大都城之旧，长安街以南，以及外城街道则大部分沿用旧路，或在已废沟渠上改建新路。正阳门外、东四牌楼、西四牌楼，是外城和东西城的三个主要市场。

图 3-17　故宫中轴线实景鸟瞰

（资料来源：百度百科 https：//baike.baidu.com/item/北京故宫）

二维码 3-3　扫码高清看图

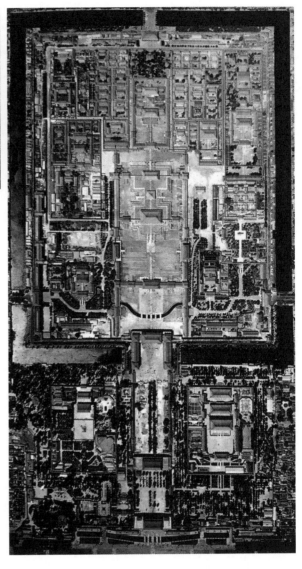

图 3-18　北京紫禁城航片

（资料来源：侯仁之．北京历史地图集[M]．北京：北京出版社，1987）

明清北京城以位于中心轴线的宫殿建筑群，同在其西侧 "三海"（北海、中海、南海）为主的水面、绿地相结合，创造出帝王都城既严谨雄伟又生动丰富的空间环境（图 3-18）。在中国许多古代城市中，诸如建筑、街道、广场、影壁、牌坊、寺塔、亭台等，在空间布局、视线对景、体形比例等方面都经过精心的设计，构成各具特色的城市空间环境。

作业 4　中国城市设计思考讨论练习

1. 思考题

问题 1：我国历代城市设计发展的脉络过程是怎样的？

问题 2：古代元大都的城市设计特点是什么？明清北京城在元大都的设计上有什么样的变化？

问题 3：我国城市形制的特征有哪些？

问题 4：简明扼要地总结一下我国城市设计发展有哪些思想基础？

2．作业形式

思考作业可在课中进行分组讨论，建议学时安排为 0.5 学时；也可作为课后思考拓展的问题，完成作业形式如下：

（1）课中思考讨论：请同学们分组（3~5 人／组），每组选择一个问题进行讨论作答，请一名同学讲述讨论结论，其余同学可补充发言。

（2）课后书面表达：请同学们在课后查阅相关资料，用清晰的思路分条写出思考题答案，简练地总结要表达的内容。也可以采用树状图、思维导图、绘图等图示语言表达的形式回答思考题。

二维码 3-4　作业参考答案

作业 5　中国城市设计绘图练习

1．绘图题

（1）绘制出元大都的城市平面图。

（2）绘制明清北京城的平面图和城市鸟瞰图。

2．作业形式

用黑色水性笔绘于 A4 白纸、硫酸纸或速写本上。

二维码 3-5　作业参考答案

模块 4　城市设计内涵

模块简介

本模块主要介绍城市设计的任务、特征、范围与类型，分析城市设计与城市规划的差异与联系。城市设计具有空间向度、时间向度、人与环境、指导性四方面的特征。城市设计与城市规划存在一定的联系，有目的、特性、范围和对象等方面的差异。城市设计的范围主要从整体、片区、重点地段三个层次展开，不同规模范围的城市设计，其关注的重点与设计内容有一定的差异。城市设计的类型主要从开发型、保护与更新型和社区型进行介绍。

学习目标

1. 理解城市设计的任务与特征，能够在讨论中分析阐述。
2. 了解城市设计与城市规划的联系与差异，能够分清城市设计的边界与核心内容。
3. 了解城市设计的不同规模范围的空间层次，提升城市设计的空间组织能力与逻辑思维能力。
4. 了解城市设计的类型，为自我学习能力与文字表述能力奠定基础。

素质目标

了解城市设计内涵，从城市设计的任务与特征、不同规模等方面提升认知能力，通过不同层面的城市设计，培养对社会各阶层群体的人文关怀，关注城市真正的使用者，为人民而设计，坚守设计师的职业精神和社会责任感。

学时建议：2 学时，包含 1.5 学时讲授和 0.5 学时课中讨论。

作业 6　城市设计内涵思考讨论练习
作业形式：课中思考讨论，课后书面表达。

二维码 4-1　课件　　二维码 4-2　视频

4.1 城市设计的任务

城市设计的核心涉及建设用地、建筑群、配套设施网络与绿化等实体性资源。其工作任务包括：对建设活动进行协调与调控，确定建设区与非建设区，土地划分，在建设区内部兴建技术设施，通过建筑物、技术设施、植被的布局关系塑造外部空间，特别是公共空间等。其目标在于确保城市建筑空间组织的质量及其进一步的发展。这些任务与城市规划、空间规划的其他维度和子学科有着复杂的相互关系。

城市设计内容十分丰富，形式多样，但其主要任务是基本相似的，根本目标是创造和管理城市空间，促成和维护城市健康发展，除包括城市物质空间环境、美学和文化上的基本要求外，还要维持城市社会健康运转，经济的繁荣与城市发展的可持续，最终促成城市整体环境品质的提升。城市设计的主要任务有以下几个方面：

（1）城市环境设计：认识城市设计涉及相关要素间的关系，寻找发展存在的问题、目标与对策，对城市环境进行综合设计。

（2）城市空间环境：创造一个形式宜人、功能活动安全方便、具有特色与文化内涵的城市公共空间环境（图4-1）。

（3）城市社会空间：促进自由、平等、和谐的社会秩序建设，建立合理、融洽的社会环境，提高公众利益。

（4）城市经济发展：建立可行的发展模式，鼓励城市不同形式与业态的经济活动产生，促成地方经济的发展与可持续。

（5）管理与控制：合理控制城市的发展，维护城市环境的良好状态，保护城市文化遗产，维系城市生态平衡。

二维码4-3 扫码高清看图

图4-1 济南泉城广场公共
空间环境
（资料来源：潘鉴拍摄）

4.2 城市设计的特征

城市设计有其固有的工作目标、工作内容和成果形式，这些特点使城市设计表现出许多与其他学科不同的特征，说明它是一门独立的学科，是对它跨越的四个学科——城乡规划、建筑学、风景园林学、市政工程学的拓展和补充。

4.2.1 空间向度特征

城市设计涉及的是对城市公共用地做的三维空间的设计。从空间角度上讲就是建筑物之间的空间，它们由建筑的体块和界面限定出来。就公共土地而言，城市设计空间向度所包容的范围很大，存在着很复杂又关键的空间尺度问题，尺度的差异往往影响城市设计师解决城市问题的对策与方法，因此，是城市设计中非常重要的问题。

4.2.2 时间向度特征

城市是历史积淀的结果，在它的形成和发展过程中，总是不断地更新，它的空间与建筑总是不断地新陈代谢。城市设计关心的是较长时间内城市形体环境的变化，这一点与城市规划比较类似。对城市环境既从整体上考虑又有阶段性的分析，在环境的变化中寻求机会，并把环境的变化与居民的生活、感受联系起来，与城市景观的构成联系起来。城市设计的阶段性特征也被认为是渐进过程，也就是说应该为以后城市建设的修改、补充和完善留出足够的余地。

4.2.3 人与环境特征

城市空间的服务对象是空间的使用者，因此城市设计师必须研究城市空间中人对环境使用的模式及环境变化对这一模式的影响，了解多数人的行为和心理及他们对空间的反应与评价，以此作为城市设计的依据和评价标准。

4.2.4 指导性特征

城市设计师的基本责任是指导不同阶段的环境开发活动取得理想的结果。城市设计的指导性作用是对开发方案提出控制性和指导性的设计导则和社会评价，为建筑师、景观设计师、市政工程师提供工作依据，对他们工作的社会价值作出科学的论证和评价。

4.3 城市设计与城市规划的联系与差异

在城市空间规划设计实践中，城市规划与城市设计虽然都处理城市空间问题，但是，两个领域在实践中所产生的效能差异非常大。城市规划师与城市设计师，都需要面对相当广泛的社会、文化、实质空间规划设计议题，其差别主要为对象、尺度、程度等方面。

4.3.1 城市设计与城市规划的联系

城市设计作为城市规划领域的一部分，首先涉及建筑空间的维度。城市设计与城市规划的工作内容和关注对象有一定的重合。城市设计工作涉及的是建成性城市及其建筑空间组织的维度，这一维度又与社会维度、经济维度和生态维度一起，共同构成了城市规划与空间规划工作的全部内容。

在对象界定中，城市设计和城市规划所处理的内容接近或者衔接得非常紧密而无法明确划分开来。所以，我国学者普遍认为，从总体规划、分区规划、详细规划和专项规划中都包含城市设计的内容，城市设计始终是城市规划的组成部分，它起到了连接城市规划和建筑学的桥梁作用，是城市规划与建筑设计之间的中间环节。

城市规划和城市设计在实施运作中的互动衔接是通过我国法定规划程序的不同阶段贯彻落实的。但现行法定规划在城市设计的具体编制方法、程序、内容、深度、时效等方面不尽完善。

4.3.2 城市设计与城市规划的差异

（1）目的差异

城市设计是对城市空间的优化，是对理想空间形态的描绘，目的在于描绘一个理想的空间结果，这个理想的结果包括适宜人的街道尺度、体贴好用的景观细节、统一的建筑风貌、连续的公园体系等。总体城市设计可以对整个城市的景观结构，建筑的高度、风格进行把控，而细部的城市设计强调景观、建筑与城市空间的一体化设计，重点关注空间营造的结果。城市规划是对城市空间的整体谋划，关注的是实施过程及其法律保障。从国土空间总体规划确定城市的性质、发展目标、发展方向、重大的基础设施布局，到详细规划对上一层次规划的重重落实，实际上是偏重实施的整个过程体系，其规定的内容都会有法律或政策的手段保障实施。

（2）特性差异

"城市设计是一种关注城市规划布局、城市面貌、城镇功能，并且尤其关注城市公共空间的一门学科"。相对于城市规划的抽象性和数据化，城市设计更具有具体性和图形化；但是，因为20世纪中叶以后实务上的城市设计多半是为景观设计或建筑设计提供指导、参考架构，因而与具体的景观设计或建筑设计有所区别。约阿希姆·巴赫认为城市规划是理性与科学性的活动，而城市设计则是从建筑创作的角度处理城市环境问题。

（3）范围差异

城市规划所处理的空间范围较城市设计为大。城市规划工作的空间尺度，不仅超越城市中的分区，还涉及整个城市的整体构成，城市与周边其他都市、乡村的关联。城市规划工作经常需要考虑都市在更大范围中的定位，此处所指更大范围，可以指涉都市群、"区域"（从区域计划专业角度所认定的区域）、省、国家，甚至国际政经网络，而这些往往是都市设计较少着墨的问题。

举例而言，在处理城市交通系统时，城市设计所面对的问题经常是公交车站或轨道与社区的关系。城市规划经常需要考虑大众运输路线所延伸服务的其他城市、郊区或乡村，以及这些地区透过大众运输路线与城市所串联而产生的整体社会现象。

（4）对象差异

城市设计的工作对象是城市空间（除了建筑内部空间之外的全部城市空间，有时还要包括公共建筑内部的部分通过性空间）。而城市规划的工作对象是城市的土地，看重土地上发生的活动（即用地性质）。城市设计不需要在互相冲突的城市机能之间决定城市内各分区的土地使用问题，这是城市规划的核心工作。城市设计的主要处理对象是"城市的一部分"。城市设计工作被镶嵌在更大范围、更长期的城市规划工作之中。当城市规划将城市区域中的各种主要功能区域予以选址之后，城市设计专业便得以接手城市规划未能更为详细处理的工作——在各个特定区块之中，建立其空间组织与其所属建筑量体的整体形构。

4.4　城市设计的范围

城市设计的范围或规模，可大可小，从整个城市三维空间架构的制定，到地区内外部空间的安排，甚或一条街巷空间的改善，一栋历史建筑物或地区的保留、维护，都可包含在城市设计的范围内。它不但处理建筑物个体与个体间，同时也处理个体与群体间的相互关系。在城市整体发展过程中，城市设计师扮演着联系协调整体的重要角色。

从空间层次上讲，城市设计跨越了从国土空间总体规划到修建性详细规划，甚至街道家具设计的广泛领域。根据我国的实际情况，大体上可把这些领域划分成整体城市设计、片区城市设计、重点地段城市设计三个层次。

4.4.1 整体城市设计

整体城市设计是国土空间总体规划的一个组成部分，它研究的是城市空间的整体布局，建立长远的城市可视形象的总体目标，以形成良好的具有特色的城市空间发展形态与人文的活动框架。

（1）确定城市空间形态结构。根据城市自然地理环境及布局特征，结合城市规划要求的用地布局，构建出城市空间的整体发展形态。

（2）构造城市景观体系。从美学角度确定出城市不同景观特征的景观区、景观线、景观点和景观轴，为城市建设控制提供依据。

（3）布置城市公共活动空间。为城市生活提供物质空间条件，包括游憩、观赏、健身娱乐、庆典、休息、交往等，对这些空间的性质、内容、规模和环境位置进行布局，形成城市公共空间系统。

（4）设计城市竖向轮廓。根据城市的自然地形条件和景观建筑特征，对城市空间的整体轮廓进行高度上的分区，确定高层建筑群的布局、城市空间走廊的分布、自然地势和城市历史建筑的保护利用，形成有特色的城市景观轮廓，如重庆市两江交汇城市天际线及标志性建筑物（图4-2）。

（5）研究城市道路、水面和绿地系统。从城市空间环境质量的角度对城市环境中的高层建筑群、绿化、道路几个要素提出要求，进行总体规划和设计，建立城市的自然生态系统和交通运输系统。

提出城市色彩、照明、建筑风格、城市标志与建筑小品的基本格调，从塑造城市个性、特色要求出发，进行构想并形成指导性文件。

组织城市的主要公共活动空间，对城市重点地段进行空间形态设计，提出粗略的构思方案和建议，为下一阶段的重点地段城市设计提出设计指导。

二维码4-4 扫码高清看图

图4-2 重庆市两江交汇城
市天际线及标志性
建筑物
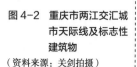
（资料来源：关剑拍摄）

4.4.2　片区城市设计

片区城市设计是城市设计的重点层次，应与城市整体设计相衔接，综合考虑城市片区整体协调，并为重点地段城市设计提出涉及片区空间环境格局整体关系的技术控制要求。片区城市设计的内容宜结合控制性详细规划的指令性和指导性条款。片区城市设计主要针对功能相对独立并具有相对环境整体性的城市街区，分析该地区对于城市整体的价值，保护、挖掘或强化该地区已有的环境特色和开发潜能，提供并建立适宜的设计程序和实施操作技术。

片区城市设计是以国土空间总体规划及整体城市设计为依据，以城市分区、片区或重点地区为单位，对其整体形态、空间结构、人文特色、景观环境及人的活动等方面进行的综合设计。片区城市设计应对规划地区的土地综合利用、建筑空间布局、街区空间形态、景观环境、道路交通及绿化系统等方面作出专项设计，并对建筑小品、市政设施、标志系统以及照明设计等方面进行整体安排。片区城市设计应与控制性详细规划紧密协调，相互作用，构成规划建设和管理的依据。

4.4.3　重点地段城市设计

重点地段城市设计是以整体城市设计和片区城市设计为依据，以城市重点地段或重要节点为对象，以指导和控制城市内一系列在形体环境或功能上有联系的整体形态设计为目的，对城市公共中心、街道、广场、居住区、公共绿地、工业区等进行设计，对土地使用、空间布局、建筑体块、绿化、交通、市政设施、环境小品等从城市设计角度提出要求或设计，如建筑群与屋顶绿化设计案例（图4-3）。重点地段城市设计一般比较微观、具体，对重点地段城市面貌和特色塑造影响很大。

二维码 4-5　扫码高清看图

图 4-3　建筑群与屋顶绿化
　　　　　设计

（资料来源：https://www.sou
jianzhu.cn/news/display.aspx?id=
2617&from=groupmessage&isapp
installed=0 ）

重点地段城市设计针对不同地段类型，对其自然条件、空间形态、建筑形体、环境设施、交通组织以及人文活动等方面进行整合与设计，提出相应的设计原则与实施准则，以指导建筑设计和环境设计。重点地段城市设计与详细规划紧密结合，表达形式宜图文结合。

4.5 城市设计的类型

针对规划实施项目的城市设计，按实践开展的不同价值取向和专业特点，可分为开发型、保护与更新型和社区型。每一类的实践工作都有其不同的社会经济背景、目的和工作内容。

4.5.1 开发型城市设计

开发型城市设计涉及城市较大面积地区与街区的开发，项目存在预定的发展目标与要求，而在具体的物质空间形态、城市公共空间环境与系统、建设发展内容与空间形式上，需要提出一个物质形态的规划设计方案，表达地区发展目标与主要意图。开发型城市设计是将城市与地区所希望的发展意图具体化，为城市发展提供决策依据。城市设计往往考虑城市与地区发展所涉及的主要问题，如发展形态、发展方向、环境景观类型、主要功能类型与景观特色等，其目的是在实现城市地区整体发展目标的前提下，寻求更好地维护城市公共利益、提高市民生活空间环境品质的发展方案。我国快速城市化进程中城市的新区开发是开发型城市设计的典型，开发城市新区成为各大城市进行空间整合优化、人口疏散、产业跨越转型发展，寻求新的经济增长方式的途径。

开发型城市设计案例如美国华盛顿中心区的城市设计，巴黎拉德方斯地区的城市设计（图4-4）和开发建设，英国新城开发建设，日本东京新宿、池带、涉谷副中心的开发设计等，以及规模相对小一些的街区城市设计，如上海市民广场周边地区城市设计等。

日本的"未来港湾21世纪"城市设计，是一个开发与环境结合的成功案例（图4-5）。它是横滨博览会旧址上兴建起的一座新城，建筑规模达300万~400万 m^2，是融合了观光旅游、商务、购物、会议、展览、博物馆于一体的新城市综合体。它是日本填海造城的最美港区代表，在规划建设和开发实施过程中，注重标志性的海湾天际线打造，有修

二维码4-6 扫码高清看图

图4-4 巴黎拉德方斯地区中轴线鸟瞰

（资料来源：https://pic.baike.soso.com/ugc/baikepic2/34731/20220323182814-1781950914_jpeg_898_718_148241.jpg/0）

旧如旧的红砖仓库、客运码头、宜人的开放空间、开放包容的临港公园等
代表性建筑与空间（图4-6）。

图4-5　横滨未来港湾滨海
　　　景观（左）
（资料来源：https：//m.sohu.
com/a/154300674_701838?strate
gyid=00014）

图4-6　横滨未来港湾公园
　　　景观（右）
（资料来源：https：//m.sohu.
com/a/154300674_701838?strate
gyid=00014）

4.5.2　保护与更新型城市设计

　　保护与更新型城市设计主要针对的是城市建成区中的建设活动。与开
发型不同的是，保护与更新型城市设计强调的是一种渐进的城市物质环境
改善。按照对现状环境处置角度的不同，又可分为保护型和更新型两种。
保护型城市设计通常与城市历史文化遗存、城市特有的环境资源相关联，
城市设计强调对规划地区历史文化物质与非物质遗存、城市自然环境资源
进行保护，在保护历史文化与环境价值不降低的前提下，适度开发，促进
地区环境改善与经济活力增强。

二维码 4-7　扫码高清看图

　　更新型城市设计旨在对城市物质形态或功能形态呈现衰退的地区进行
改造，以求通过新一轮的开发，带动地区社会、经济与环境的改善，适应
城市发展的需求。更新型城市设计往往是由于城市地区某一方面的功能衰
退引发的。如美国巴尔的摩内港的城市更新（图4-7），由于社会经济结构
转型，第二次世界大战后的巴尔的摩重工业开始衰退。自 1960 年代华莱
士设计公司提出概念性改造规划起，巴尔的摩内港区一直处于不断更新的
状态，在商业中心周边建设住宅、旅馆和办公楼；沿水体的滨水岸线则开
放给公众，区域人气重新聚集，港口地区商业、旅游娱乐功能的兴起带动
了地方经济的发展。这是城市更新设计的物质空间环境与经济振兴的成功
案例。

　　城市更新是一种将城市中已经不适应现代化城市社会生活的地区做必
要的、有计划的改建活动。城市更新的目的是对城市中某一衰落的区域进
行拆迁、改造、投资和建设，以全新的城市功能替换功能性衰败的物质空
间，使之重新发展和繁荣。它包括两方面的内容：一方面是对客观存在实

图 4-7　巴尔的摩内港实景
（资料来源：https://youimg1.c-
ctrip.com/target/10030k000000
cbsaxD440.jpg）

二维码 4-8　扫码高清看图

体（建筑物等硬件）的改造；另一方面是对各种生态环境、空间环境、文化环境、视觉环境、游憩环境等的改造与延续，包括邻里的社会网络结构、心理定势、情感依恋等软件的延续与更新。

4.5.3　社区型城市设计

社区型城市设计更注重人的生活要求，强调社区参与，其中最根本的是要设身处地地为用户，特别是用户群体的使用要求、生活习惯和情感心理着想，并在设计过程中向社会学习，做到公众参与设计。在实践中，社区设计是通过咨询、公众聆听、专家帮助以及各种公共法规条例的执行来实现的。这一过程不仅仅是一种民主体现，而且设计师可因此掌握社区真实的要求，从实质上推进良好社区环境的营造，进而实现特定的社区文化价值。著名的实例有清华大学完成的北京菊儿胡同改建、绍兴仓桥历史街区整治等。

作业 6　城市设计内涵思考讨论练习

1. 思考题

问题 1：城市设计的任务有哪些？

问题 2：谈谈你理想中的城市社区设计。

问题 3：简述城市设计与城市规划的联系与差异。

问题 4：谈谈你对开发型城市设计的认识。

问题 5：讨论你所观察到的更新型城市设计的特征。

问题 6：整体城市设计的主要任务包括哪些？

问题 7：片区城市设计主要针对什么范围进行设计？

问题 8：重点地段城市设计一般有哪些类型？

2. 作业形式

思考作业可在课中进行分组讨论，建议学时安排为 0.5 学时；也可作为课后思考拓展的问题，完成作业形式如下：

（1）课中思考讨论：请同学们分组（3~5 人／组），每组选择一个问题进行讨论作答，请一名同学讲述讨论结论，其余同学可补充发言。

（2）课后书面表达：请同学们在课后查阅相关资料，用清晰的思路分条写出思考题答案，简练地总结要表达的内容。也可以采用树状图、思维导图、绘图等图示语言表达的形式回答思考题。

二维码 4-9　作业参考答案

第二篇
调研踏勘篇

Di-erpian
Diaoyan Takanpian

5

模块 5　现场踏勘调研

模块简介

本模块主要介绍城市设计前期资料收集概要，内容包括城市设计项目背景条件、存在问题与目标，相关规划、地理环境资料、城市年鉴等方面。接着阐述现场调研的方法，包括观察和认知、现状记录、主观分析三部分。明确了基础资料和方法之后，可展开城市设计调研，主要步骤为制定资料收集清单、确定踏勘调研大纲、团队计划分工和调研工具的准备几方面，完成现状调研后开展城市设计调研成果的分析。

学习目标

1. 了解城市设计前期资料收集内容，理解相关规划内容，为城市设计前期调研做基础准备工作。
2. 理解现场调研方法，能根据方法进行独立观察和思考，并对城市中的环境进行认知和观察，尝试进行主观分析。
3. 掌握现场踏勘的步骤，能根据项目的具体需求列出收集资料清单，确定项目的调研大纲。
4. 了解团队计划与分工的要求，了解调研前需要准备的工具，为现场调研做好物质条件支撑。

素质目标

从城市设计实践步骤了解流程，以过程性思维方法提升城市设计的实践能力，从职业教育的角度更切合实际地为实地调研提供参考。培养学生的职业规范，加强对学生职业实践指导，提高职业道德水准，规范执业行为，增强学生的实践能力、团队合作能力和社会责任感。

学时建议：2 学时，1.5 学时讲授和 0.5 学时课中讨论。

作业 7　城市设计实地调研踏勘
作业形式：制定调研表格、调研大纲、调研报告。

二维码 5-1　课件　　二维码 5-2　视频

调查研究是解决城市问题的前提，是城市设计的基础性工作。城市是一个动态的、发展着的复杂系统，时刻处在不断变化的过程之中。通过科学、系统的调查，把握城市发展的状况，探索城市发展的客观规律，是认识城市未来发展方向的基础，也是城市设计项目的首要工作。本模块按前期资料的收集、调研方法的确定、调研步骤和工具的准备来展开城市设计的调查研究。

5.1 前期资料收集

城市设计项目具有较强的实践性，设计内容要反映社会建设实践中的问题和要求，与社会实际问题紧密结合。设计师需要深入现场调查研究，了解当地与设计相关的各项资料（包括地质、气象、水文、经济和社会发展状况、人口资料等），找出解决问题的对策，为设计打下良好的理论基础。对于城市设计项目，设计的对象往往是一个区域，涉及的内容很复杂，不仅要分析建筑的问题，还要考虑土地利用再开发的问题，更进一步还要分析区域的空间景观等多种问题。前期调研是设计构思的前提，是项目开展的第一步。与甲方沟通收集项目背景、目标愿景和目前存在的问题，收集相关规划与城市年鉴等资料，成为前期调研分析的基础。这些背景情况，作为解析城市设计的基础资料，为城市设计决策提供重要的支撑。

5.1.1 项目背景条件

不同的城市设计项目，不仅城市设计的层面和范围有差异，而且每个项目针对的重点、背景条件和需要解决的问题也不尽相同，所以需要对不同的项目进行具体的分析。比如有的总体城市设计，关注城市的整体发展结构、城市遗迹的保护等，有的城市设计主要解决城市风貌问题。然而，任何一个城市或区域都不是孤立存在的，因此对规划基地的认识和把握不但要从基地本身进行，还应从更广泛的城市和区域角度来看待。这就需要设计师在项目开始的前期就与甲方充分地沟通，收集项目的背景条件，为抓住存在问题，实现发展目标奠定基础。

5.1.2 存在问题与目标愿景

在了解了项目背景条件的基础上，设计师需要收集目前城市设计项目面临的问题，对问题的寻找追问越深越具体，解决问题的策略就越具有针对性。存在的问题既可以在与甲方沟通时收集，也需要在现场踏勘调研时进行记录。同时，目标愿景也是前期分析里很重要的一个部分，设计师需要了解甲方与居民对于城市设计的愿景，从而为制定规划目标奠定基础。目标愿景指设计者以展望想象的视角对规划对象未来的属性、功能、情景的总体判断和阐述，是对规划设计目标进一步的说明和更具体的落实。可以通过文字概述、概念图表、结构分析等手法进行具体表达。

5.1.3　上位相关规划

城市设计的相关规划，主要包括国民经济和社会发展规划、国土空间规划、相关控制性详细规划、相关专项规划、历史街区保护规划、规划基地所在地区及周边地区的城市设计及相关修建性详细规划等内容，都需要作为规划背景来进行分析和研究。在对规划背景整合研究的时候，可以按照规划内容及层面进行分类归纳总结，比如分区域层面、城市层面、中心区层面、交通体系、空间形态、景观环境、历史保护等分项进行研究解读，提取这些规划的主体结构、核心内容及对本次规划设计有影响和借鉴作用的内容。

城市设计相关的法定规划，如国土空间规划、控制性详细规划（图5-1）体现了政府的发展战略和发展要求，代表了区域整体利益和长远利益。法定规划的全局性、综合性、战略性、长远性更强，更加重视城乡区域协调有序发展和整体竞争力的提高；在整体发展的同时更强调资源和环境保护。因此，城市设计要将法定规划确定的规划指导思想、城镇发展方针和空间政策贯彻落实到城市设计的具体内容中。

其中，国土空间总体规划是详细规划的依据、相关专项规划的基础；相关专项规划要相互协同，并与详细规划做好衔接。全国国土空间规划是对全国国土空间作出的全局安排，是全国国土空间保护、开发、利用、修复的政策和总纲，侧重战略性，由自然资源部会同相关部门组织编制，由党中央、国务院审定后印发。省级国土空间规划是对全国国土空间规划的落实，指导市县国土空间规划编制，侧重协调性，由省级政府组织编制，经同级人大常委会审议后报国务院审批。市县和乡镇国土空间规划是本级政府对上级国土空间规划要求的细化落实，是对本行政区域开发保护作出的具体安排，侧重实施性。

国土空间规划是将主体功能区规划、土地利用规划、城乡规划等空间规划融合统一的规划，将实现"多规合一"。根据2020年修订的《土地管理法》第十八条，经依法批准的国土空间规划是各类开发、保护、建设活动的基本依据。已经编

图5-1　济宁城市中心区控制性详细规划
（资料来源：济宁市东部文化产业园概念规划设计）

居住用地
一类工业用地
二类工业用地
文化设施用地
科研用地
行政办公用地
商业用地
特殊用地
医疗设施用地
生态湿地
公共绿地
水域

制国土空间规划的，不再编制土地利用总体规划和城乡规划。

国土空间规划体系改革的重大意义在于建立全国统一、责权清晰、科学高效的国土空间规划体系，整体谋划新时代国土空间开发保护格局，综合考虑人口分布、经济布局、国土利用、生态环境保护等因素，科学布局生产空间、生活空间、生态空间，是加快形成绿色生产方式和生活方式、推进生态文明建设、建设美丽中国的关键举措，是坚持以人民为中心、实现高质量发展和高品质生活、建设美好家园的重要手段，是保障国家战略有效实施、促进国家治理体系和治理能力现代化、实现"两个一百年"奋斗目标和中华民族伟大复兴中国梦的必然要求。

5.1.4　地理环境资料

地理环境资料包括可利用土地资源、可利用水资源、环境容量、生态系统脆弱性、生态保护重要性、自然灾害危险性、人口聚集度、交通可达性、基本农田保护等多方面的要素。对城市设计来说，利用地理信息可直观、准确地表达以上规划要素的空间分布情况，对影响规划的地形、气候、资源、植被、灾害等要素进行分析，从而获得规划条件的综合评价。通过对规划区的地形、地貌、水资源、居民区等多种因素进行综合分析可以看出规划区是否适宜开发。对植被、气候、湿地等相关要素进行分析可以看出规划区的生态环境状况。

地理信息是地理数据所蕴含和表达的地理含义，是与地理环境要素有关的物质的数量、质量、性质、分布特征、联系和规律的数字、文字、图像和图形等的总称。地理信息属于空间信息，其是通过数据进行标识的，这是地理信息系统区别于其他类型信息最显著的标志，是地理信息的定位特征。区域性即是指按照特定的经纬网或公里网建立的地理坐标来实现空间位置的识别，并可以按照指定的区域进行信息的并或分。地理信息具有多维性，是指在二维空间的基础上，实现多个专题的三维结构，即是指在一个坐标位置上具有多个专题和属性信息。同时具有动态性，主要是指地理信息的动态变化特征，即时序特征。地理信息与环境资料是城市设计前期调研的基础。

5.1.5　城市年鉴资料

一个城市的建设和管理，首先取决于科学合理的城市规划，并以之为依据，指导城市的合理化发展。城市规划直接影响着城市居民生活、城市面貌、城市生态和城市经济。城市年鉴作为全面反映城市现状的综合性大型工具书，具有四大特点：权威性、系统性、可读性、实用性。在城市设计前期，通过查阅城市年鉴，可以了解城市发展现状和历史进程，为城市设计提供翔实的基础性资料。

5.2　现场调研的方法

5.2.1　观察和认知

"每一瞬间都存在着比眼睛能看到的、耳朵能听见的极限更多的事物——总有背景让人去等待，或总有前程让人去探索实现。没有什么是独立的，所有的事物都伴随着事件发生的顺序，与它的背景环境产生关联；所有的事物又都带着对过往经历的回忆，发展成这一刻的自己。"——凯文·林奇

观察是我们在城市现场踏勘调研获取第一手资料的首要方法，如何用专业的眼光去观察和认知城市物质空间，并系统、科学地记录下来进行分析，是城市设计项目的基础。对城市设计过程来说，对场所的特性和规律性的认知是基本前提。歌德的名言"人只能看到自己知道的事"，也同样适用于对城市现状的调研与认知。

认知不仅仅是观察过程。日常生活的经验可以证明，认知是超越了纯粹的观察过程的。环境中那些重要的、功能性的片段通过感觉器官传递给生物。刺激作为化学物质和能量形式转化的过程，引发了个体的感觉和认知，以及由此产生的体验。"认知"通过生物学过程影响知觉层面，在这之前，只能假设"人类对既定空间的想象，与经验无关"。

认知是理解的前提。我们对空间的设想首先是图形设想。我们的认识，是与空间和观测角度相关联的。在城市设计师中，一定存在能够非常抽象地思考的人，受理想城市设计的某些部分的启发，如今许多交通设施才得以建造。对于某个城市、居住片区、规划空间在社会空间背景中的发展历史来说，了解越多，认知也就越深。因此，早在现状记录和分析阶段就应查明首要的引导理念和前提条件，即实施以问题为导向的现状记录。

因城市设计项目的区域和范围有差别，每个项目的要求也不尽相同，有的城市设计会采取目标导向的方式展开设计工作计划，解决城市的具体问题。观察认知城市设计的内容和要素，并具有针对性地对现状条件进行记录，如城市中心区的现状调研照片记录（图5-2、图5-3）、对城市山水环境的调研照片记录（图5-4）、对城市道路的调研记录（图5-5）。

图5-2　重庆南坪商业街（上）
（资料来源：颜勤拍摄）

图5-3　日本涩谷中心区街道（下）
（资料来源：颜勤拍摄）

5.2.2　记录现状

为了熟悉规划区并将现有状况与规划状况进行对比，在现场踏勘调研时，可以采用文字、速写、拍照、视频记录等方式记录现状。如在图纸材料上做标记、提取数据、勾勒草图，以

及使用相机来记录城市设计中的特别之处；以规划、图纸、统计数据等形式对基础数据进行评估；也可采用访谈法、问卷法等方式记录现状的基本情况。

在城市设计现状调研中，访谈法是通过有目的的谈话交流，获取所要信息的方法，访谈可以分为一对一的访谈、公众参与的会议访谈。对城市设计调研对象进行深入了解，不仅适合初期，也可以在项目进行过程中不断地交流互动，使得对问题的了解更加透彻和深入。

问卷法是指通过问卷或调查表来收集资料的方式，可以对具体的问题进行定量的分析，问题的设置对于问卷尤为重要，需要抓住城市设计的关键问题采用问答方式进行验证，问卷的设计可以选择封闭式或提出问题自由解答的开放式等方式，在城市设计调研中设置选择题形式的问卷模式运用较广泛，也便于定量化分析资料。

在完成了以问题为导向或目标为导向的现状记录后，下一步便是对收集的信息进行分析。现状分析的过程其实就是对以下内容所进行的分析和讨论：建筑结构、空间结构、城市形态等方面。

对于非物质空间的现状分析，比如历史沿革、资源禀赋、问题挑战、数据图表等，在观察和认知城市物质空间的基础上，可以通过矩阵、图表等方式进行比较分析，采用图示化语言表达。图表是将数据及相关信息进行处理后可视化表达的结果。运用图表进行展示可以较为直观地传达所要表达的信息，也可以运用各要素相互之间的对比，使得其间的关系更为明了，具有可读性（表 5-1、表 5-2）。

（1）历史文脉记录

对历史沿革多采用历史地图调查法，如对以水系、道路和建成区为主的城市形态演进进行调查分析，还有按历史发展纵线的时间轴进行调查分析等。

（2）资源禀赋标记

调查可以结合现状平面图作空间标注和注记，标出重要建筑、开放空间、景观资源、功能区域等。

城市现状调研记录表   表 5-1

绿地	鸿恩寺公园——鸿恩寺，始建于明永乐年间，是川东佛教名寺，20世纪50年代末拆除，但围绕该寺庙旧址，兴建起城市公园，即鸿恩寺公园		
	老虎沟——中华人民共和国成立前，因其植被茂密，常有老虎在林间活动，因此，得名老虎沟		
	通江绿楔——基于现状环境中保留较好的自然植被，同时沿用原控规中的设计要素"通江绿楔"		
建筑	长安厂房——"三线"建设时期，长安厂在此兴建若干发动机车间及相关配套建筑，作为地域工业遗产，具有保留价值		

（资料来源：长安 1862 北滨路项目）

建筑细部现状调研记录表   表 5-2

窗	老工厂排窗形式，铝合金窗框，主要功能为采光、通风		
	百叶窗，主要功能为通风、透气		
屋顶	"三线"时期风格屋檐，以红砖为主要建筑材料		
	"三线"时期老厂房屋檐，采用双屋檐形式，能最大限度地进行采光，减少阴影，并且通风透气性能也较好		
	"三线"时期风格屋檐，以红砖为主要建筑材料		
	"三线"时期风格屋檐，连续的双排屋面，是典型的厂房建筑		

（资料来源：长安 1862 北滨路项目）

（3）问题挑战记录

针对现状的非实体空间调查分析多涉及挑战和机遇，这类情景的图面表述，常通过图文并茂的方式，如用图示化的箭头和线条等方式表现。

5.2.3 主观分析法

（1）逻辑思维分析

城市设计思维必须具备一种三维空间性的见解。城市设计远远超越了纯粹的技术解决手段。在观察和认知、对现状记录的基础上，设计师可以采用逻辑思维分析的方法梳理总结现状存在的问题，并讨论挖掘问题背后的原因，进而提出针对性的策略解决城市问题，用城市设计方案初步构思来回应问题。此过程可以运用文字描述或思维导图的方法分析梳理。

（2）认知地图分析

凯文·林奇在《城市意象》理论中提出构成认知地图的五要素，即标志物、节点、区域、边界、道路。城市认知地图即为设计师在这五要素的认知基础上，结合心理学分析和社会学调研记录城市意象的方法，是人类对于环境信息的自我简化和排除、附加之后形成的，时间和空间重叠而形成相对稳定的认知地图。如通过地形图、现场照片、道路分析等内容进行叠加分析（图5-6），形成一个可读、可感知的认知地图。

（3）数据图表分析

数据图表的类型很多，有分析图、柱状图、饼状图、气泡图等。在对数据进行图表处理及表达的基础上，可以对所呈现出的特点进行总结归纳，并提出相关的问题及策略等。

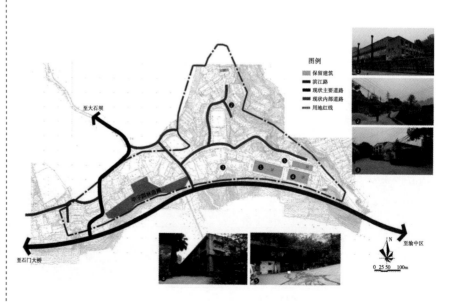

图5-6　重庆北滨路现状调研分析

（资料来源：陈婷绘制）

（4）综合叠加分析

综合叠加分析是在一个基础工作平台上将多种元素及相关因素进行关联表达，使得处理后的成果信息丰富多样，可以充分表达所要呈现的观点信息。这种方式除了具有综合、全面、信息量大而全等特点以外，还使得整体干净利落，看图说话是其所要达到的重要目的。具体而言，综合叠加包括两种形式：最终成果形式以及中间过程与最终成果并存形式。后者更强调的是逻辑分析过程，可以使得结果更具说服性。

5.3　踏勘调研的步骤

5.3.1　制定资料收集清单

因城市设计项目的范围和类型不同，如模块 1 中城市设计类型包括整体城市设计、片区城市设计、重点地段城市设计层面，不同层面的城市设计调研内容具有较大差异，根据高等职业学院建筑设计、城乡规划等专业的人才培养要求，本模块针对片区城市设计常规项目，按收集信息的部门单位提出基础资料收集和访谈的清单。对于不同范围和类型的城市设计项目可根据该项目任务要求，在本访谈部门和资料清单的基础上进行增减，制定适合该项目的访谈和资料收集计划。

（1）地方规划和自然资源局

1）地方规划和自然资源局访谈主要内容

了解城市建设、规划的总体情况，未来城市建设的重点是什么？城市设计方面是否有相应政策？是否制定城市设计相关标准？是否制定城市设计的年度、近中期计划？是否有相关城市规划管理地方标准规范？在公共设施配套、开发强度控制、绿地景观控制等方面是否有相关管理标准和实施细则文件？在城市设计和特色营造方面有什么要求？规划用地及周边范围的详细建设和相关项目规划实施情况如何？了解规划区的土地利用规划、地籍权属情况；了解规划区内及周边地区的土地供应情况，是否有年度供应计划？城市设计是否有相关优惠政策？

2）地方规划和自然资源局收集资料清单

①规划区最新的航拍图、地形图。

②相关规划——国土空间规划（新版）；近期建设规划；项目所在地（区域）的发展战略，已批、在编详细规划和相关专项规划（商业网点规划、综合交通规划、产业规划、风貌规划、市政专项、沿江景观规划／城市设计）等。

③国民经济和社会发展规划（"十四五"发展规划），水利、电力等各

部门国民经济和社会发展规划。

④规划区地下空间和人防设施的分布情况及其相关设计资料（AutoCAD图纸和相关说明）。

⑤城市设计相关的所有地方性法规、规范、标准。

⑥各类管制要素（生态红线、绿线、蓝线、洪水淹没线、高压廊道）。

⑦城市设计的各种政策。

⑧拟建项目的设计方案。

⑨规划区及周边土地利用规划资料。

⑩规划区的详细地籍资料（AutoCAD图纸、宗地信息）。

⑪ 规划区及周边地区的土地供应情况（供应计划）。

⑫ 规划区地质条件评价资料，地质灾害的相关资料。

（2）地方交通局

1）地方交通局访谈主要内容

了解规划区及周边区域交通发展现状及未来发展趋势，是否有相应交通发展的近远期计划？公共交通方面是否有相关专项规划或建设计划？规划区及周边道路主要有哪些公共交通线路？

2）地方交通局收集资料清单

①市交通专项规划——公交方面的规划。

②综合交通规划。

③规划区及周边区域道路建设及片区交通改善计划。

④拟建的道路施工图。

（3）其他

①规划范围所在区域的主导产业（例如：装备制造业、手机上下游产业链等）。

②近期该地的重大战略及发展主题（例如：成都的公园城市，成渝双城一体化发展等）。

③重大发展机遇（例如：高铁站、渝新欧铁路、TOD站点、重大项目影响）。

④历史人文资料（历史沿革、历史街区、历史保护建筑、古树名木等）。

⑤现状照片（基地内、基地周边及所在区域的典型风貌照片）。

⑥大数据支撑（人口密度热力图、服务设施密度热力图等）。

5.3.2 确定踏勘调研大纲

在网上查资料、到当地政府部门及现场调研收集相关资料，是设计师对城市设计项目资料获取的主要方法，本小节根据片区城市设计相关要求，确定踏勘现场的调研内容大纲。对于不同范围和类型的城市设计项目可根据该项目任务要求，在本大纲的基础上进行增减。

（1）自然、历史、文化环境

1）区位、人口、地域范围；

2）气象、水文、地理地质环境资料；

3）用地的山体、地形、地貌、坡度资料；

4）环境质量与环境评价；

5）历史发展沿革与文化背景；

6）传统民俗、民情，社会风俗与生活方式；

7）产业经济发展。

（2）空间形态现状

1）用地形态格局；

2）结构网格、发展轴线及重要节点。

（3）土地利用现状

1）基地的用地功能性质、现状用地单位的边界、布局特征；

2）基地与相邻地区的土地使用性质和状况。

（4）景观特征现状

1）城市风貌及空间景象、景观带、景区、视廊和视域等；

2）建筑及街道设施景观特征；

3）自然山水景观特征；

4）历史遗迹特征；

5）现状公园、绿地、广场、滨水等开敞空间环境。

（5）开放空间现状

1）公共活动空间、场所与设施布置；

2）市民活动的类型、分布与城市功能布局的关系；

3）街道、广场、街区等活动地区的空间类型、分布与空间结构；

4）公共功能设施布置；

5）重要地段的市民活动类型、场所、路径、强度与感受；

6）市民对城市公共活动区域的感受与评价。

（6）道路交通现状

1）用地外部和内部道路结构、道路布局、道路密度、道路等级、道路性质等；

2）用地的步行交通系统与分布；

3）社会机动车与非机动车停放；

4）用地的公共交通布局与公交站点分布；

5）用地的旅游观光活动系统；

6）市民与旅游者对城市道路交通的认可和评价。

（7）用地建筑现状

1）建筑类型与分类；

2）建设年代、功能、层数、结构，评价建筑质量；

3）建筑高度；

4）建筑风格、色彩；

5）建筑群组合方式和类型；

6）城市标志性建筑、文物保护单位。

5.3.3　团队计划分工

（1）团队分工

调研团队人员数量需要依照项目的具体情况而定，具体影响因素包括城市设计项目的城市设计的深度、规划范围面积、需要访谈的主体数量等方面。

1）城市设计的深度：如总体城市设计、片区城市设计、概念性城市设计、详细城市设计等。

2）规划范围面积：根据不同城市设计项目的用地要求，如 5km² 的片区城市设计、20hm² 的中心区城市设计等。

3）需要访谈的主体数量：如政府机关、开发商、社会团体、居民等。

规划范围大、对接主体多的，可以组建几个调研小组，分片区、分主体进行调研，调研结束后再进行信息汇总整合。规划范围小、对接主体少的，可以组建 2~3 人的团队进行调研。以某片区城市设计项目为例，规划范围约 5km²，且仅需要对接当地自然资源和规划局。根据该城市设计项目特点，可组建一个 4 人的项目组，包含项目负责人 1 人、现场踏勘记录及拍照 2 人、无人机操控人员 1 人。项目负责人负责制定调研计划、联系项目城市设计的甲方、约定调研时间，带领本团队进行实地踏勘及部门访谈，并在调研结束后组织召开调研总结会议。现场踏勘记录及拍照的人员根据调研大纲进行详细调研。无人机操控员负责城市总体形态、风貌等记录。

（2）工作计划

在接到城市设计项目后，团队即开始收集相关基础资料，并确定踏勘范围，制定合理的现场踏勘调研计划。对现状既要有整体的全局把控，又要能深入到细部探寻现状问题及特色。对现状的踏勘调研需要把规划基地纳入更广阔的城市范围，对区域环境进行全局考虑，还要对城市自然环境、地形生态进行调查，对城市土地使用、道路交通、绿化景观、建筑形态以及文化环境资源进行分类踏勘和调研。

1）调研工作计划的六个关键点

①与甲方约定调研的具体时间及会面的地点。

②根据项目特点，提前准备好需要收集的资料清单。

③根据项目特点，准备需要咨询甲方的相关问题。

④准备好卫星图片及地形图，在未获得地形图的情况下需要准备好卫星图。

⑤准备好调研所需的工具。

⑥问卷调查表（依项目具体情况而定）。

2）模拟城市设计实地踏勘调研

①现场踏勘环节。某天上午 9 点，在甲方人员的带领下，来到规划区内进行实地踏勘，并由甲方工作人员对项目基地进行介绍，讲述此片区的"前世今生"，了解其发展历程。在实地踏勘过程中，需要对规划范围内及周边对本项目有重大影响的因素进行重点记录、拍照，在图上作出标记，并询问甲方人员该因素在规划中如何对待（如：现状保留、避让、改建、消除等）。对设计有重大影响的因素包含地质灾害情况、山体、制高点、低洼点、崖壁、河流、水体、重大基础设施、高压廊道、管线保护带、微波通道、古树名木、历史遗存、现状保留及保护区域的风貌及业态、现状有代表性的房屋等。识别片区现状自然条件、现状公共空间、现状风貌、现状用地性质、现状公共服务设施、现状道路交通情况、现状居民构成等。在实地踏勘现场的同时进行人视点拍照及无人机俯瞰拍照。若本项目涉及与原住民生活切实相关的问题，则需要对居民进行走访、座谈或问卷调查。根据地形图走访一些比较有特点的区域，或者是有代表性的区域。

②与甲方座谈环节。在现场调研结束后，项目组来到甲方的办公室，与相关领导进行座谈，向甲方提问事先准备好的问题，并录音或详细书面记录，进一步了解本项目的主要任务、甲方的诉求及需要注意的事项，以精准地抓住本项目的关键点，使得项目成果更有针对性，为甲方解决实际问题。在座谈完毕后，向甲方提供资料清单，经允许后向甲方的资料管理人获取相关资料。

③补充调研环节。在与甲方座谈结束后，若发现实地踏勘存在漏项，可再次进行实地补充调研。

④形成调研报告环节。项目组回到工作单位后，需要及时对调研情况进行整理、汇总，对资料进行梳理、登记；对现状情况进行分析，对甲方要求进行总结，并形成调研报告，为项目的进一步开展奠定坚实的基础。

5.3.4 调研工具准备

为了保障实地调研有序开展，在团队分工和工作计划的基础上还需要将现场调研的工具备齐，以便在现场踏勘调研时能够将现状的详细情况记录下来。调研工具分为手工记录工具和电子记录工具两类，团队成员应根据自己的具体分工，配备相应的调研工具。

（1）手工记录工具

1）铅笔、钢笔、签字笔、针管笔和水性笔等；

2）记录本（A4以内即可）：记录调研现场的关键信息及甲方的诉求；

3）卫星图片及地形图（图5-7、图5-8）：地形图可提前打印，人手一份，作为在现场调研时的重要纸质资料，方便对现状的记录形成平面与现场三维环境的关系。地形图打印比例和图纸大小可根据项目用地面积大小确定，如 1∶1000、1∶2000 等比例，打印 A3、A2、A1、A0 等图纸大小。

图5-7 重庆北滨路部分
　　　卫星图片（左）
（资料来源：Google Earth）

图5-8 某地块地形图（右）
（资料来源：作者提供）

（2）电子记录工具

1）手机：与团队和甲方保持联系，拍照；

2）平板电脑：存储并调用与规划区相关的资料，便于现场查看；

3）录音笔（图5-9）：用来记录项目组与甲方或居民的交流过程，作为现场调研的第一手资料；

4）相机（图5-10）：拍摄现状环境特征及部分无法收集的资料；

5）无人机（图5-11）：拍摄规划区的鸟瞰照片及全景图像，让项目组对规划区的地形及环境特点形成整体而直观的认识；

6）U盘或移动硬盘：用于拷贝相关资料。

图5-9 录音笔

作业7 城市设计实地调研踏勘

1. 实地踏勘题目

选取你所在城市的商业中心区进行实地踏勘调研，结合专业知识，指出其优缺点。如果城市商业中心要进行扩建、改造甚至重新布局，请从专

图5-10 相机

业角度提出合理化建议。建议调研大纲如下：

（1）城市的自然、历史、文化环境

1）城市气象、水文、地理环境资料；

2）相关地形、地貌等；

3）环境质量与环境评价；

4）城市历史发展沿革；

5）城市形态格局及其历史沿革和变迁；

6）历史文化背景、传统民俗、民情。

（2）城市空间形态现状调研

1）城市结构网格、发展轴线及重要节点；

2）城市建筑现状分析；

3）城市道路交通现状；

4）城市公共活动、场所与设施布置；

5）城市景观；

6）基地与邻近地区的土地使用性质；

7）市民对城市空间形态与空间结构的感知、印象与认同。

（3）城市的社会分析

1）社会风俗与生活方式；

2）社会制度与社会政策。

2．作业开展步骤

（1）分组：请同学们分组（3~5 人／组），每组分配不同的片区展开调研。

（2）目标范围确定：首先确定调研的城市商业中心，划定区域范围。

（3）收集前期资料：采用网络调研的方式，获取选取目标的基础资料。

（4）选取调研方法：完成相应调研方法的前期准备工作。

（5）确定调研大纲：制定具体的调研大纲，每组也可以选择城市商业中心的某一个方面进行针对性的调研，如商业中心区建筑、绿化、环境、交通等。

（6）团队分工与工具准备：根据每组同学的优势展开团队分工，并准备好调研的相关工具。

3．作业成果形式

（1）前期资料电子文件：分类整理收集的前期资料文件，如按文字、图片分文件夹。

（2）调研表格的制定：用 Excel 或 Word 文档制作调研表格。

（3）调研大纲：用 Word 文档制作调研大纲。

（4）调研报告：用 PPT 等软件制作图文并茂的实地踏勘报告，不少于 20 页 PPT。

图 5-11　无人机

二维码 5-3　作业参考答案

6

模块 6　调研成果分析

模块简介

本模块主要介绍城市设计前期调研成果的分析绘制，城市设计因类型和范围不同，分析的内容不尽相同，本模块就通识性的基础分析进行介绍。内容包括区位条件分析、地形条件分析、建筑现状分析、道路交通分析、市政设施分析、历史文脉分析、空间形态分析等方面，结合案例成果分析阐释调研成果的绘制与表达，提供调研成果分析图的参考案例。

学习目标

1. 了解城市设计调研成果绘制的内容，是城市设计前期调研成果的总结。
2. 理解区位条件分析、地形条件分析、道路交通分析等基础分析类型，能根据案例的方法独立绘制相关分析图。
3. 掌握分析图绘制的基本技巧，会利用点、线、面等分析图的基本元素举一反三绘制其他类型的分析图。

素质目标

从城市设计实践流程了解调研成果分析的内容，从设计师在职业教育的实践中掌握调研成果分析的方法。从设计师基本能力方面培养学生的职业技能，培养学生精益求精的大国工匠精神。激发学生结合国家新征程新阶段发展的契机，为行业的高质量发展作贡献。

学时建议：2 学时，1 学时讲授和 1 学时作业。

作业 8　城市设计调研分析图绘制
作业形式：课中思考讨论，课后图纸绘制。

二维码 6-1　课件　　二维码 6-2　视频

6.1 区位条件分析

对城市设计项目的认识，首先需要了解项目用地的区位条件，区位条件可以从地理区位、交通区位、经济区位等层面来理解。城市设计的地理区位分析可以从项目所在城市在区域中的位置、项目在城市分区中的位置、项目用地在周边地块的位置，从宏观、中观到微观，聚焦对城市设计基地的认识。区域区位表达城市在大区域环境中的关系，重点表达其自然地理位置、社会经济地位、城镇体系或交通关联度等。城市区位相对于区域区位来说表达范围稍小，仅限于城市内部，强调城市行政区划范围内的空间地理位置、功能分工关系及城市发展轴带关系等。绘图时需要注意文字标注，必要时可以采用图例标注，通常采用红点和红色色块来表达城市设计项目所在的位置。

6.1.1 区位分析类型

区位条件分析表达的内容分为以下四种主要类型：空间地理区位、交通联系区位、功能分工区位、城市发展轴带。

（1）空间地理区位

空间地理位置表达规划区周边自然地理条件以及在城市中的空间关系，通过江海、湖泊、山体水脉的位置关系及城市内部交通关系来表达，如图 6-1 所示。空间距离远近关系到城市之间的竞争和合作关系、城市对外的辐射影响力等，是衡量城市区域位置的重要因素之一。

· 重庆江北区位于嘉陵江、长江交汇处北岸，有 30 多千米漫长的江岸线，是重庆市的信息、金融、文化艺术中心，也是重庆重要的商贸区和物资集散地。

规划区周边情况

· 本项目位于江北区鸿恩寺板块中央居住区，居住氛围浓厚。该板块通过滨江路和石门大桥、嘉华大桥、黄花园大桥的连接，可以很快到达各大商圈，区位条件较好。

本项目场地周边均为已建或在建居住区，北面有东源 D7 区和首创鸿恩，西靠华润中央公园，东邻华宇北国风光，与瑞安地产住宅项目隔江相望。

图 6-1　重庆北滨路某项目空间地理区位分析
（资料来源：颜勤绘制）

规划区紧邻北滨路城市主干道，靠近规划中的红岩村嘉陵江大桥，自驾交通可达性较好；目前本项目周边公交线路较少，公共交通缺乏。

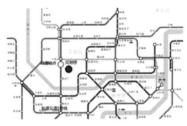

轻轨5号线通过规划区西侧的红岩村嘉陵江大桥，并设站点，显著提升了本区域交通的可达性。

本项目地处"两江四岸"嘉陵江段北侧；紧邻观音桥、沙坪坝商圈和解放碑商圈，直线距离分别为3.3、4.0和7.3km。

图6-2 重庆北滨路某项目
交通区位分析
（资料来源：颜勤绘制）

（2）交通联系区位

交通区位条件涉及公路、铁路等路上交通，水路交通线路及港口位置，以及航空交通，城市轨道交通如地铁、轻轨等，如图6-2所示。交通区位分析显示出城市在区域中、用地在城市中的交通联通程度及位置。也可以用时间距离长度绘制，一般涉及交通到达时间，比如铁路、公路、航空、水路等多方面的时间距离长短。

（3）功能分工区位

城市内不同区域有不同的功能区块，之间功能定位、产业分工也不相同，对规划区位于哪个区块并承担什么关系需要通过功能分工区位来表达。

（4）城市发展轴带

发展轴也是区位分析中很重要的部分，如经济产业发展轴、文化走廊、经济发展带、城市拓展方向等，体现项目在城市中的发展地位。

6.1.2 区位分析要点

（1）区域关系突出

表达区域关系实际上就是使人对规划项目所在的区域位置能够一目了然，在图面上可以通过规划基地与自然地理在距离和方向上的关系来确定其绝对区域位置，也可以是基地与其他城市、地区的空间联系即相对区域区位的关系。

（2）底图范围明确

根据项目所在城市在区域中的位置、项目在城市分区中的位置、项目用地在周边地块的位置这三个基本的层面，选取合适的区域范围关系，可以采用卫星图片作为底图，也可截取电子地图作为底图，底图可包含交通网络等重要的交通区位信息，也可包含地形条件如城市山水空间等。通过图底关系表现一目了然的空间关系，要素表达清晰，信息量丰富。

（3）层次清晰简洁

区域是一个比较大的范围，超出城市的市域边界，涉及发展轴、经济圈甚至更大尺度，多层次的表达特别重要，在图面绘制过程中就是要做到分图层工作，而在表达上要做到主次分明，如底图要简单清楚，要素越简单越好，甚至可以简化到区划线、山脉水体，而底图上面的信息则可以通过矢量点、线、面等要素来突出关系，调整颜色和透明度等，并做好文字标注，做到图面清晰易读。同尺度不同区位内容的组图，也可以按尺度由大到小纵向递进式地表达。最后注意图例、文字及指北针、比例尺的标注。

6.2　地形条件分析

我国幅员辽阔，地形地貌十分复杂多变，据统计，我国山地约占国土面积的33%，高原约占26%，盆地约占19%，平原约占12%，丘陵约占10%。山地城镇约占全国城镇总数的一半，地形复杂的条件下地形分析成为城市设计中必备的环节。地形条件直接影响城市设计中建筑和场地的总体布局、平面和空间布置。平原、山地地形条件有较大差异，河谷地带、水网地区地形条件等，也会影响到总体布局的结构特征。一方面，平原地形的建设用地相对山地地形更容易进行道路布局，有更少的土石方开挖量；另一方面，地形的起伏有利于形成生动的空间和变化丰富的建筑轮廓线。在城市设计项目组收集到AutoCAD矢量地形图后，就可采用现场踏勘调研和软件分析相结合的方式分析用地的基本条件，如基地现状分析（图6-3）。

6.2.1　基础地形分析

（1）坡度分析

坡度是地表单元陡缓程度的指标，通常采用坡面的垂直高度和水平距离的比值来表示。坡度对城市设计的影响主要表现在对建筑和道路的布局限制上，根据坡度的大小，可以将地形划分为6类（表6-1），一般小于25%的坡度作为建设用地经济性较好。

水系　　交通　　建筑与村落　　农田

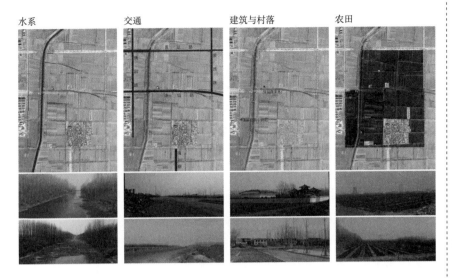

图 6-3　基地现状分析图
（资料来源：济宁市东部文化产业园概念规划设计）

地形坡度分级标准及与建筑的关系　　　表 6-1

类型	坡度值	坡度比例关系	建筑与道路布置特征
平坡地	$i<3\%$	$<1：33.4$	基本上是平地，道路及房屋可自由布置，须注意排水
缓坡地	$3\% \leqslant i<10\%$	$1：33.4\sim1：10$（不含 $1：10$）	规划区内道路可横纵自由布置，不需要梯级，建筑群布置不受地形的约束
中坡地	$10\% \leqslant i<25\%$	$1：10\sim1：4$（不含 $1：4$）	规划区内须设梯级，道路不宜垂直于等高线布置，建筑群布置受到一定限制
陡坡地	$25\% \leqslant i<50\%$	$1：4\sim1：2$（不含 $1：2$）	规划区道路须与等高线成较小锐角布置，建筑群布置与设计受到较大限制
急坡地	$50\% \leqslant i<100\%$	$1：2\sim1：1$	道路须曲折盘旋而上，梯道须与等高线成斜角布置，一般不适于作为建设用地
悬崖坡地	$i \geqslant 100\%$	$\geqslant 1：1$	道路及梯道布置极困难，修建建筑工程费用大，一般不适于作为建设用地

注：最大坡度按百分比计算即为 100%。

（2）坡向分析

坡向定义为坡面法线在水平面上的投影方向（也可以通俗地理解为由高及低的方向）。坡向是决定地表局部地面接收阳光和重新分配太阳辐射量的重要地形因子之一，直接造成局部地区气候特征的差异。同时，也直接影响到诸如土壤水分、地面无霜期以及作物生长适宜性程度等多项重要的农业生产指标。因为有些植物喜阳，有些喜阴，所以结合坡向分布可以更加合理地确定植物栽种的区域。同时，坡向对于确定建筑布置的方向是重要的参考基础，还影响到建筑的通风、采光，如在炎热地区，住宅适合建在面对主导风向、背对日照的地方，而寒冷地区则希望背对主导风向，面对日照。

（3）高程分析

高程是指某一点相对于基准面的高度，包含绝对高程与相对高程。等高线上的高程记数值字头朝上坡方向，字体颜色同等高线颜色。在城市设计之前，需要通过观察用地现状地形图，对用地整体形态和高差关系进行判读。高程分析能够直观地反映规划区地势的高低，能大致确定区内的排水方向及排水分区，初步判断适宜建设区、道路的选线及可实施性。

6.2.2 地形地貌分析

地形地貌分析可以采用城市规划常用的分析方法，如利用湘源控规、地理信息系统（ArcGIS、MapGIS）等软件对地形进行分析，包括用地的高程、坡度、坡向、地形地貌、用地适宜性评价等方面（图6-4）。高程分析主要分析地形的起伏特征，用等高线进行划分；用地适宜性评价是在综合分析用地条件的基础上结合山水条件特征作出的结论，能够直接影响项目建设用地的选择。准确分析用地的地形条件是现场踏勘调研的重要环节，可以利用多种方式分析地形条件及特征，如采用绘制地形剖面的方式直观地展示地形的起伏情况（图6-5），或用SketchUp等软件建立直观的地形模型，也可以在调研时利用无人机航拍照片或视频等方式记录项目用地的地形空间格局，并综合分析用地的地形条件和用地现状，为下一步的城市设计构思提供基础资料。

图6-4 重庆北滨路某项目地形条件分析

（资料来源：颜勤绘制）

高程分析
规划区整体呈现出北高南低的特征，地形高差变化较大，最高点在场地北部山脊上，约为238m，最低点在场地南部，约为180m。

坡度分析
场地内地形起伏较大，山脊、山谷处陡坡较多，地形连续性较差，大部分用地坡度小于25%。

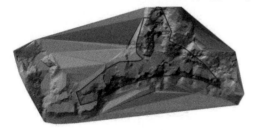

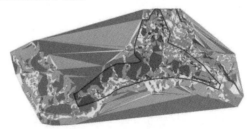

坡向分析
场地南幕嘉陵江，地形呈北高南低，南向坡分布广泛。

用地适宜性评价
将各类地形因子进行叠加、评分，得出规划区内大多数用地为宜建区，少量地形复杂的冲沟区不适宜进行建设。

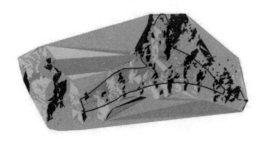

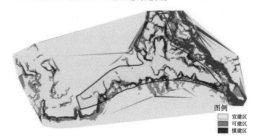

图例
宜建区
可建区
慎建区

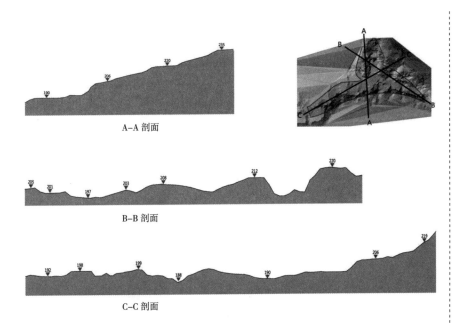

A–A 剖面

B–B 剖面

C–C 剖面

图 6-5　重庆北滨路某项目
　　　　地形剖面分析
（资料来源：颜勤绘制）

6.3　建筑现状分析

　　对建筑现状的调研，首先要从总平面所在的行政区划范围内了解周围邻近地段的土地利用规划情况和已有的建筑物，特别是重要的永久性建筑物或构筑物，了解它们的性质和使用要求，以及是否有共用的道路、围墙、通道和出入口，或者其他的公用设施。在了解邻近建筑物和环境形成的空间氛围的前提下，考虑新设计的建筑应该如何融进这个空间，达到既协调统一、又有鲜明个性的目的。建筑现状的调查分析主要包括现有建筑的分布情况、用地面积、建筑面积、建筑高度、建筑质量、建筑层数、建筑保护等方面。

6.3.1　建筑概况

　　在场地分析时，首先，要对场地区域内部的建筑性质和功能进行调研，整理出目前场地内部建筑的既有功能，以及思考需要对规划区域内部的建筑功能作何调整。其次，需要对场地内的建筑高度、质量、层数进行调研，为城市设计中的建筑高度控制以及建筑是否保留提供依据（表 6-2）。

6.3.2　建筑风貌

　　建筑风貌分析是对场地内及场地周边建筑的屋顶形式、建筑材料以及建筑色彩方面的调查分析。

建筑现状调查表　　　　　　　　　　　　　　表 6-2

街道名称	柳树下街	建筑方位	东南	建筑编号	2	建筑名称	临街商铺	建筑总平面简图（标出入口、周围道路、环境等）		
建筑现状	层数		二层，局部一层			环境文脉描述				
	功能		上层居住，底层商铺					图注：图中数字为调研建筑编号		
	建造年代		清代			与相邻建筑不协调，经过改造，风格比较杂乱，部分建筑的传统风貌在广告牌及雨篷的破坏下荡然无存				
	风格特征		川中传统民居							
	屋顶		双坡屋顶							
	结构		砖木结构							
	质量		较差					已存建筑形象	建筑照片	
	外观材料		涂料＋木头＋瓷砖＋青瓦							
	外观色彩		白色＋褐色＋青灰色							
	备注		雨篷等构件突出							
建筑环境	门前交通	道路构成	人行道＋车行道＋人行道						立面图	
		道路宽度	2m+6m+1.5m							
		铺路材料	水泥＋沥青＋水泥							
	停车状况		地面临时							
	绿化景观		无							
	城镇空间	位置	街道中段							
		空地	无							
		街道家具	无							
		广告招牌	无							
	备注		人行道已基本被沿街商铺占据				评价	保留	整治	改造 － 拆除

（资料来源：颜勤绘制）

（1）屋顶形式

屋顶往往是建筑最具特色及表现力的部位。现代建筑的屋顶形式通常分为坡屋顶、平屋顶和异形屋顶三种。

（2）建筑材料

由于材料的不同表现特性，可通过相互组合达到对比的效果，如花岗石的稳重、富丽可对比于玻璃的轻巧；金属材料的细腻、华美可对比于混凝土的朴实、雄壮等。对建筑的材料进行考察，可以为城市设计提供参考。

（3）建筑色彩

建筑色彩是城市景观中的主体部分，因而建筑色彩相应的也是城市色彩的主角，它的处理得当与否直接影响了城市色彩的美。每个城市都有属于自己的色彩，每一座城市都应通过规划和设计，根据城市自身的历史属性以切合实际状况的不同色调、形体与特色，给人们带去不同的感受和印象。因此，在城市设计之前需要对城市的特有色彩进行分析，并判断规划区域的建筑色彩是否符合城市色彩基调，以确定在城市设计中所需的各类建筑颜色。

6.4 道路交通分析

6.4.1 外部交通

对场地外部交通的分析主要包括：场地外围的道路等级，场地外围是否有面临铁路、公路、河港码头的情况，场地对外交通联系，出入口数量、位置是否方便以及是否满足消防规范的要求。对外交通一般以公路运输为主，只有大型工矿企业才备有铁路专线，那么对公路状况的了解就很有必要，如公路等级、路面结构、路幅宽度、接近场地出入口地段的标高、坡度以及与出入口的连接能否满足技术条件要求。

6.4.2 内部交通

（1）车行交通

在车行交通的调查分析中，需要对规划区域内部的主要车行线路的功能等级进行调查分析，根据其重要性程度可以将车行线路分为主干道、次干路、支路几个等级，也可将其按照使用功能分为生活型、交通型两种类型。规划区内为自然未开发的情况，需要在地形图上绘制出现状道路分布图和综合现状分析图（图6-6、图6-7）。此外，还需要对区域内主要车行道路的横断面进行调查，以在规划设计中对其进行完善。同时，为了保证交通的安全、高效和经济，交通线路与其他道路和线路的交叉应尽量避免。

图 6-6 现状道路分布
（资料来源：颜勤绘制）

图 6-7 综合现状分析
（资料来源：颜勤绘制）

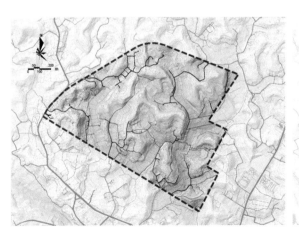

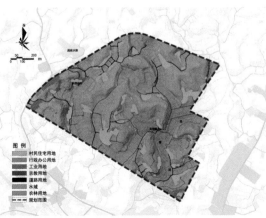

（2）人行交通

对场地内人行交通的分析主要是指场地内部人行流向的分析。对人行流向的主要走向进行预判，为人行系统、慢行系统等方面的规划提供参考依据。

（3）静态交通

需要对场地内部已有的停车位、停车场、客运站等静态交通设施进行调查，为城市设计中的静态交通设施规划提供依据。道路交通是城市设计中规划区域的骨架，道路交通的走向直接决定了地块划分的形状，同时关乎每一块区域的功能能否高效、快速地运转。因此，对道路交通的前期分析需要充分了解现状交通环境，为城市设计提供依据。

6.5　市政设施分析

近年，我国较大幅度地提高了城市基础设施的投资和建设力度，为城市的社会经济发展和环境品质的改善及提高提供了良好的外部条件。全国各大城市都把城市交通道路建设、地铁线路的规划和建设提到了重要的议事日程上，并已经收到了明显的成效。基础设施在城市土地使用中具有投资大、建设周期长、维修困难等特点，而且常常是比城市形体空间设计先行的步骤，一旦形成，改造更新就比较麻烦，而良好的基础设施往往又是城市建设开发的重要前提。

狭义的城市基础设施概念是指市政工程、城市交通及电力通信设备等；广义的城市基础设施概念还包括公路、铁路及城市服务事业、文教事业等。基础设施既是城市社会经济发展的载体，又是城市社会经济发展和环境改善的支持系统，其发展应与城市整体的发展相互协调、相辅相成。

市政设施的分析包括场地内部及周围的给水、排水、电力、电信、燃气、供暖等设施的等级、容量及走向，场地接线方式、位置、高程、距离等情况。市政设施的前期调研对城市设计也有至关重要的作用，例如：场地内有无高压走廊穿过（即高压输电线路穿过），地下有无城市主要管线、沟渠穿过，这都会对场地布置产生重大影响。

6.5.1　给水

生产生活都需要水，首先要调查清楚水的来源而后考虑供水系统的管网布置。

（1）城市供水系统

了解城市水源地点、水质等级、水源保护现状；用水量现状、供水普及率、供水压力现状、水厂布点、用地面积、地址；现状配水管网的分布、管径等。

(2) 自备水源

若规划区域自备水源，则需调查取水源是水井、泉水、河流取水还是湖泊、港湾取水，先要了解水量大小，水质的物理性能、化学成分和细菌含量是否符合国家所规定的饮用水标准，还要考虑枯水季节水量的供应问题，以及供水季节防洪和净化的问题。

6.5.2　排水

场地排水主要包括以下两种方式：

暗管排水：多用于建筑物、构筑物较集中的场地，运输线路及地下管线较多、面积较大、地势平坦的地段；大部分屋面为内落水；道路低于建筑物标高，并利用路面雨水口排水的情况。

明沟排水：多用于建筑物、构筑物比较分散的场地，断面尺寸按汇水面积大小而定，如汇水面积不大，明沟排水坡度为0.3%~0.5%，特殊困难地段可为0.1%。

为了方便排水，对场地坡度也有一定的要求，场地最小坡度为0.3%，最大坡度不大于8%。

6.5.3　电力、电信

(1) 电力

获取电力、煤气等能源供应情况资料，内容包括现状日、年用电量（农业、工业、生活），平均用电负荷，最高用电负荷；变电站布点、用地面积、等级电网走向、高压走廊的走向等。

(2) 电信

了解场地附近的邮政电信线路网络情况，内容包括：电信设施及电信电缆（或电信导管）的布置、走向；电信网点的布点、容量、用地面积；移动通信、无线寻呼业务；邮政网点布点、用地面积。充分利用城市公用系统设施可节省资金投入，自备设备则要考虑线路布置和设置方式。因此，需要提前调查场地内部的电信设备。

6.5.4　供热、供气

对区域内部的供热、供气设施的位置、面积、管网线路进行调查，并对其基础数据进行分析，以满足区域内部的热力和煤气的供应需求。

市政设施是为区域提供运输能量的管道，其规模直接决定了城市或规划区域市民的基础生活能否得到保障。因此，在城市设计前期做好市政设施的调研，事先预判市政设施能否满足市民生活的需要，能够为城市设计后期的市政规划提供依据。

6.6 历史文脉分析

历史文脉分析主要是对项目用地范围内城市重要的历史遗存、文物古建遗址或发生重大事件的场所进行分析。可从历史沿革和历史文脉两个方面展开，历史沿革主要是从时间维度来看用地范围内城市变化或者历史文化遗迹在时间轴上的空间分布变化。历史文脉主要是找到现存的历史文化遗迹，并将其落实到用地空间中分析，提取相应要素。城市历史文化分析跨越不同时期，在分析的时候需要从时间、空间纵横两个体系一起入手，通过分析时间轴上不同阶段形成的特有历史要素，为城市设计构思提供思路和切入点，同时为项目提供历史文化的基础资料。历史文脉分析首先需要选择与城市建设和发展密切相关的内容；其次是选取可体现城市特色的内容；第三选择可体现城市历史和文化内涵的资源；第四选择对城市设计有直接影响的内容。将历史文脉分析归纳为以下几部分：

（1）建筑类——包括古建筑及遗址（图6-8~图6-10），具有一定历史、艺术、科学价值的近代建筑，具有本地特点的建筑等；

（2）历史传说——包括有文献记载的历史传说、民间传说、地名典故等；

（3）民俗风情——包括民风、民俗、地方节日等（图6-11）。

在历史文脉要素方面，对历史建筑进行分析，包括各级历史建筑的区位示意图及其相关的建筑名称、文物等级、具体保护范围等，根据建筑的历史价值及保存完整性的级别确定其重要程度。

二维码6-4 扫码高清看图

图6-8 重庆渝中区解放碑（左）
（资料来源：https://www.sohu.com/a/458325421_120083964）

图6-9 重庆渝中区历史建筑（右）
（资料来源：重庆晨报）

图 6-10　重庆红岩纪念馆（左）

图 6-11　重庆铜梁舞龙表演（右）
（资料来源：http://tuchong.com/1918483/15241006/）

6.7　空间形态分析

　　城市设计的空间形态分析通常是针对基地现状有建筑物的条件下开展的，其中空间格局可以理解为城市建筑与开放空间的分析。具体而言包含城市空间要素的提取和分类控制、建筑肌理分析，在分析中可以根据需要选取相关要素进行提取或者综合叠加分析。在此基础上进一步进行内涵分析、SWOT 分析等即可以对物质的环境历史进行有效的剖析。如图 6-12 所示的重庆南岸区弹子石某地块城市空间结构分析图，包括城市肌理平面图，清晰地显示出了城市的空间形态，此分析图采用抽象的方式进行要素的叠加，表达了水运是传统交通的主要模式，沿岸发展起来的山地街巷满足从码头向内部发展的趋势需要，垂直于码头的发展为主要街道，平行于江的发展为作用次之的巷。

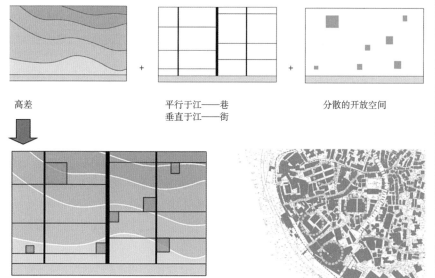

高差

平行于江——巷
垂直于江——街

分散的开放空间

图 6-12　重庆南岸区弹子石某地块城市空间结构分析图
（资料来源：王月玥、蒋文绘制）

　　城市空间结构分析是城市设计中的常用手法，可以从视线通廊和开放空间等方面进行分析。通过视线通廊的手法将城市中重要的空间资源点联系起来，实现视线资源的整合，用城市空间资源点实现对城市景观品质的提升。城市视线通廊包括鸟瞰据点之间的视线联系，一般位于城市中心区的核心地段，具有最好的城市现代化景观风貌；主要景观视线一般是其他与鸟瞰据点通视的节点连线；次要景观视线一般是其他景观节点之间的连线；城市干道的视线走廊是依据城市干道网络形成的视线网，这四类景观视线通廊共同支撑城市景观风貌格局。城市开放空间分析包括街道、广场（坝）、路口等要素，通过调研对要素的位置和大小进行确定，并在分析成果中进行绘制分析（图6-13）。

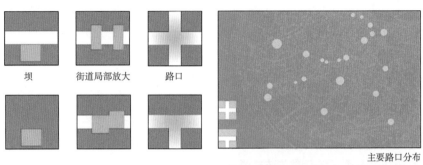

坝　　　　街道局部放大　　　　路口

主要路口分布

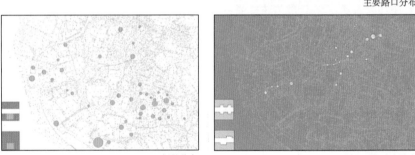

图6-13　重庆南岸区弹子石某地块城市开放空间分析
（资料来源：王月玥、蒋文绘制）

坝的分布

老街局部放大分布

作业8　城市设计调研分析图绘制

1. 绘图题

　　通过作业7选取你身边城市的商业中心区实地踏勘调研，结合相关成果绘制区位条件分析、地形条件分析、历史文脉分析、空间形态分析、城市道路交通分析、城市公共活动空间、场所与设施布置、基地与邻近地区的土地使用性质、建筑肌理分析及其他相关调研成果。

2. 作业形式

　　（1）分组：请同学们分组（3~5人／组）。

　　（2）目标范围确定：首先确定调研的城市商业中心，划定区域范围。

（3）绘图软件及格式：采用 Photoshop、Powerpoint 等软件绘制，图文并茂地分析调研成果、排版分析图，以 JPG 或 PPT 格式保存。

（4）分析图尺寸：分析图采用项目文本的制作方式，尺寸为 A3 大小，不少于 5 页 PPT。

（5）团队分工与工具准备：根据每组同学的优势展开团队分工，并准备好调研的相关工具。

（6）课堂汇报：分组汇报调研成果分析图的绘制，注意逻辑关系的组织与语言表达。

3. 思考与讨论

问题 1：不同范围和类型的城市设计其调研成果可能会存在哪些不同之处？

问题 2：城市设计区位条件分析通常从哪些方面进行？

问题 3：城市历史文脉分析包含哪些内容？

问题 4：城市地形条件与城市设计空间形态的关系是怎样的？

二维码 6-5　作业参考答案

第三篇
方案构思篇

Di-sanpian

Fangan Gousipian

模块 7　城市设计方案构思

模块简介

本模块主要介绍了城市设计的方案构思要素，首先从城市环境构思入手，包括自然景观处理与城市风貌构思；然后从城市功能塑造方面着手考虑设计方案，包括城市功能定位、分区等；进而对城市道路交通着手构思，主要介绍城市道路设计要点、城市道路的类型等级、路网的设计手法及空间特征等。城市设计还需关注开放空间的设计，主要介绍开放空间的特征与功能形式，开放空间的限定元素及建设实践，为设计提供实践指导。建筑形态构思方面主要从整体构思、形态控制两方面进行阐述。

学习目标

通过本模块的学习达到以下目标：

1. 掌握城市设计方案构思要素的基本概念和各设计元素的主要设计内容；
2. 熟悉各要素的设计要点和设计方法，达到城市设计方案构思的基本技能。

素质目标

通过城市设计方案构思要素了解城市，培养学生良好专业素养和设计思想有机结合的职业基本素质。培养循序渐进的方案设计行为习惯和职业品格，进而提升学生的职业技能、职业精神和职业规范，为社会实践作准备。

学时建议：4 学时，3 学时讲授和 1 学时课中讨论。

作业 9　建筑基本形态抄绘
作业形式：使用绘图笔抄绘在 A4 白纸上，线条流畅，图面清晰。

作业 10　建筑组合形态抄绘
作业形式：使用绘图笔、彩铅抄绘在 A3 硫酸纸上。

作业 11　城市开放空间案例分析
作业形式：采用电脑软件绘制案例分析图。

二维码 7-1　课件　　二维码 7-2　视频

　　城市设计的构思对象为城市形体环境，其基本要素包括组成城市形体环境的主要成分与素材。基本要素一般可以分为自然要素、人工要素及社会要素等。从城市宏观、中观、微观层次上分析，其最基本的有城市用地、建筑实体、开放空间和城市环境等。

7.1　城市环境构思

7.1.1　自然景观处理

　　自然形体和景观要素的利用常常是城市特色所在，包括河岸、湖泊、海湾、旷野、山谷、山丘、湿地等自然要素，在设计时应把大自然的魅力与生态合理地融入城市人工环境，尽可能地使城市更加生动、有活力，具有地域特征。气候、风向、生物栖息地等都可以成为影响城市形态的方案构思的触媒点，设计师应该很好地分析城市所处的自然基地特征并加以精心组织。

　　（1）契合地形

　　历史上许多城市大都与其所在的地域特征密切结合，通过多年的设计与建设，形成个性鲜明的城市格局。在构思设计时，考虑到建设成本的要求，对地形的处理通常在土石方平衡的基础上，对地形进行改造，避免大幅度地改变原有地形（图7-1）。

　　（2）适应气候

　　不同气候条件的差异会对城市格局和土地利用方式产生很大的影响，如热带和亚热带地区湿度较大，城市布局就可以开敞、通透，组织一些夏季主导风向的空间廊道，增加有庇护的户外活动的开放空间（图7-2）。

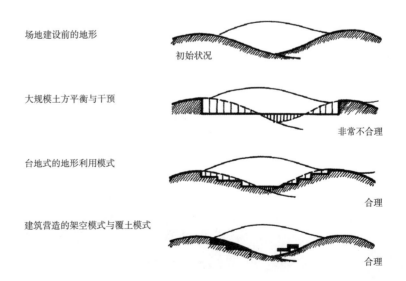

图7-1　地形处理模式
（资料来源：彭建东，刘凌波，张光辉.城市设计思维与表达[M].北京：中国建筑工业出版社，2016）

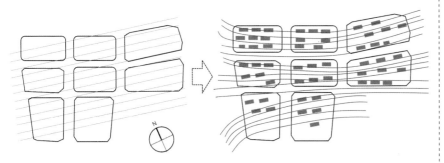

图 7-2　主导风向影响城市
　　　　　布局
（资料来源：作者根据资料绘制）

干热地区的城市建筑为了防止强烈日照和大量热风沙，需要采取比较密实和"外封内敞"式的城市和建筑形态布局（图 7-3）；而寒冷地区的城市，则应采取相对集中的城市结构和布局，避免不利风道对环境的影响，加强冬季的局部热岛效应，降低基础设施的运行费用。

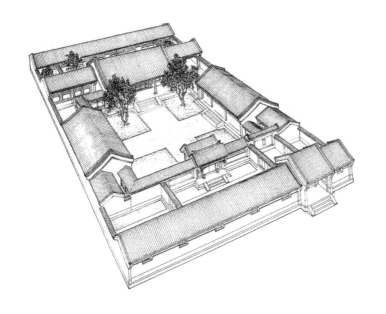

二维码 7-3　四合院建筑简介

图 7-3　四合院
（资料来源：马炳坚 . 北京四合院建筑 [M]. 天津：天津大学出版社，2012）

（3）水体利用

城市中常常有江河湖泊水体资源，水具有流动性，可以帮助城市调节气候，在城市设计的空间格局、景观营造等方面都发挥着重要的作用。水与城市的和谐共生、协调布局理念已得到共识。对于水体设计一般遵循优化保留、重构再生、有机聚合、多样渗透四个步骤（图 7-4）。

1）优化保留

保留现状中的核心水系或水道，以及具有排洪、蓄水功能或者具有良好景观的水道，并尽可能地整理出历史遗存的水道和现状分布的水塘，理清水道历史脉络；结合总体景观脉络形成具有明显地方特征的水系骨架。

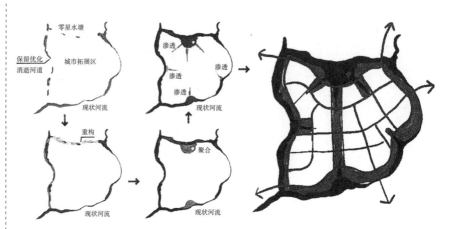

图7-4 滨水区水系利用构思

（资料来源：彭建东，刘凌波，张光辉. 城市设计思维与表达 [M]. 北京：中国建筑工业出版社，2016）

2）重构再生

在营造城市景观时，有时需要联通水系或者将现状分布的水塘连接成片，形成新的水系通道。对水系进行梳理重构，营造城市生态景观空间，形成具有特征的滨水景观格局。

3）有机聚合

无论是点、线、面的景观要素，还是节点与轴线景观结构都要求在线上必须有局部节点的存在，以此打破单一线形景观的乏味感。因此，对水系需要局部进行放大聚合处理，形成稍大一点的面状水系，并对周边景观进行塑造，进而形成容纳城市活动的场所。

4）多样渗透

渗透意味着景观资源的最大化与均质化，是城市设计中处理水系最重要的方法。

（4）植被塑造

植被与水体是生态与景观要素在城市中展示的最重要的两种方式。水体彰显着城市的灵动，植被塑造着城市的魅力，而自然景观的塑造更是决定了城市设计的成功与否。植被主要由乔木、灌木、藤本、草本等多层次植物群落构成，植被的形态原则上分为两种：自然与人工。在城市设计中根据城市功能需要，有时需要强调生态的渗透，体现自然延伸，比如公园、湿地群落等；有时则需要体现都市营造的氛围，使用人工塑形模式，比如城市中心区、商业区等。

自然延伸：包括密林群落、疏林草地、滨水湿地等模式。密林群落多用于自然生态保护区或生态公园组团，强调原生的景观保留或群落修复；疏林草地则多用于密林群落与城市生活区的交汇处，体现生态与人工的过渡；滨水湿地一般由灌木、草本与水生植被形成丰富的驳岸边界（图7-5）。

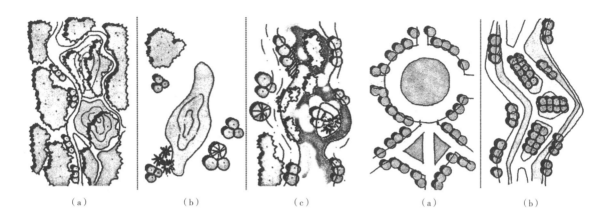

（a）　　　　　　　（b）　　　　　　　（c）　　　　　　　（a）　　　　　　　（b）

人工塑形：包括规则草地、树阵广场等模式。规则草地，适用于纪念性、趣味性和商业性的城市中心区域；树阵广场多用于人流活动兼顾休息的场地（图7-6）。

今天虽然许多人已经认识到自然要素的影响，但实践仍常有一些显见的失误，以致破坏了土地的原有格局和价值。麦克哈格曾指出，过去多数的基地规划技术都是用来征服自然的，但自然本身是许多复杂因素相互作用的平衡结果。铲平山丘、砍伐树木、将洪水排入小山沟等，不但会造成表土侵蚀、土壤冲刷、道路坍方等后果，还会对自然生态体系造成干扰。

7.1.2　城市风貌构思

城市风貌构思需要以提升城市品质和创造城市特色为目的，以系统优化的城市设计方法，以城市空间、建筑与景观环境设计的美学法则，对影响城市风貌的构成要素（空间、建筑与景观环境）进行系统、整体的规划设计。其中，城市风貌最显著的特征包括城市色彩，城市色彩是指城市环境中被感知的可视色彩的总和。物质环境是人感知色彩的"物质载体"。城市的物质环境是城市中面向公众开放并能够承载公众各类活动的城市空间，主要包括建筑、街道、广场、公园、绿地、水体等空间类型。向公众开放，用于交通、游憩、社交、公共服务和购物等公共活动的城市空间环境，都是城市风貌与城市色彩系统的有机组成部分（图7-7~图7-9）。

城市色彩的感知主要基于人们对于城市物质空间和依存环境的视觉体验，城市建筑的

图7-5　自然形态构思（左）
（a）密林群落；（b）疏林草地；（c）滨水湿地
（资料来源：彭建东、刘凌波、张光辉．城市设计思维与表达[M]．北京：中国建筑工业出版社，2016）

图7-6　图案化形态构思（右）
（a）规则草地；（b）树阵广场
（资料来源：彭建东、刘凌波、张光辉．城市设计思维与表达[M]．北京：中国建筑工业出版社，2016）

图7-7　英国伦敦的城市风貌

总体色彩作为城市色彩中相对恒定的要素，所占比例很大，是城市色彩的主要组成要素。地方建筑材料的使用最为直接地展现了城市色彩特有的面貌（图7-10、图7-11）。适应所在城市的地理状况、气候条件而打造的建筑是人为构成城市色彩的主要因素，而地域文化、宗教和民俗的影响，使这种差异变得更为鲜明且独具特色。

城市色彩的构思，需要宏观把握城市历史和文化脉络的色彩语言，科学定位反映地区特点的色彩基调，并通过合理分区，对其进行有效的控制与维护。因此，城市色彩构思时应该既研究城市色彩景观所承载的人文内涵（图7-12、图7-13），又关注其具有的视觉美学价值，并发挥其指导城市色彩设计、有效评价与管理的作用。

（1）注重城市设计的整体性

运用城市设计方法对城市空间环境所呈现的色彩形态进行整体的分析、提炼和技术操作，并在此基础上根据城市发展所处的历史阶段、不同

图7-8　新加坡的景观小品（左）

图7-9　西班牙小广场休息座椅色彩（右）

图7-10　意大利托斯卡纳拉斯佩齐亚（左）

图7-11　西藏布达拉宫（右）
（资料来源：http:// bbs.8264.com/forum.php?mod=viewthread&tid=1667796&page=1）

图7-12　宏村古镇色彩（左）
（资料来源：https://www.sohu.com/picture/428295498）

图7-13　福州三坊七巷明清建筑群（右）
（资料来源：https://m.sohu.com/a/358350842_100184549/?pvid=000115_3w_a）

的功能片区属性和建筑物质形态进行色彩研究。

（2）色彩混合、整体和谐

色彩具有色相、明度、饱和度三要素，不同色彩通过合适的方法混合共存，相互影响，由此产生整体协调的色彩混合效果，对于控制城市色彩景观具有重要意义。和谐是色彩运用的核心原则，也是城市色彩处理的重要原则。通常，有效利用色彩调和理论搭配出的色彩组合，比较易于形成和谐统一的色彩关系。

（3）尊重自然色彩，与自然环境相协调

人类的色彩美感与大自然的熏陶相关，自然的原生色总是最和谐、最美丽的，如土地的颜色、树木森林的颜色、山脉的颜色、河流湖泊的颜色。城市色彩规划只有不违背生态法则，掌握色彩应用的内在规律，才能创造出优美、舒适的城市空间环境。通过科学的色彩规划和有力的色彩控制，才可避免整体色彩的无序状态。

（4）服从城市功能分区

城市色彩与城市功能密切相关。商业城市与旅游城市、新建城市和历史城市，其色彩应是有所区别的；一座大城市与一座小城市，其色彩原则也不尽相同；城市中不同功能分区之间的色彩定位也是不同的（图 7-14、图 7-15）。

（5）融合传统文化与地域特色

城市色彩一旦形成，就带有鲜明的地域风土特点，且与人群体验的"集体记忆"相关，并成为城市文明的载体。城市色彩规划必须遵循融合传统文化与地域特色这一基本原则。

城市设计的核心目标就在于创造安全、舒适、充满吸引力的场所，提升空间环境品质并增强其活力。和谐的色彩配置无疑有助于这一目标的实现。城市设计师在城市色彩方面要做的工作，是要在不断发展的城市环境中，运用色彩理论，尽可能创造出具有一定可持续性和弹性的整体和谐色彩，并从不同尺度层面提出城市色彩构思原则。

二维码 7-4 扫码高清看图

图 7-14 重庆市解放碑城
市色彩（左）
（资料来源：颜勤拍摄）

图 7-15 城市建设中保持
城市色彩协调的
青岛（右）
（资料来源：颜勤拍摄）

图 7-16 丽江白沙古镇的
　　　色彩风貌（左）
（资料来源：https：//m.sohu.
com/a/324597565_675623/?pvid
=000115_3w_a）

图 7-17 香港城市色彩与
　　　建筑细部（右）
（资料来源：颜勤拍摄）

①城市与城市区域的尺度：城市色彩以整体和谐为原则。在这一层面，人们能感受的城市色彩主要来自于俯瞰的角度。

②街区的尺度：即街道与广场的尺度，城市色彩在多样统一的前提下表现不同的特点与气氛，人们可以从正面、侧面和仰视的角度感受城市色彩，而且通常会伴随光影的变化或夜间灯光的变幻，也可以将天空作背景（图 7-16）。

③建筑及细部的尺度：城市色彩更为丰富且接近人体尺度，人们可以从各种角度感受城市色彩，仔细体会不同情境下色彩的细微差别，而需要控制的则是各种要素的秩序，在统一协调的形体环境下创造丰富的色彩变化（图 7-17）。

7.2 城市功能塑造

7.2.1 城市功能定位

城市功能在设计中应先行，须在设计前对城市的功能定位进行全面分析，对城市将要发生的经济和社会作用作出前瞻性的把握。但基于大部分城市在设计之初已经有了概念规划、总体规划等宏观或细节的制约与规定，对功能定位有清晰的指导，因此，城市设计更加注重的是对于功能的细化与补充，同时注重细化的功能定位为国土空间总体规划提供思考补充。现代城市的功能包括经济、政治、社会、文化和生态等综合的功能，在不同的区域强化其主导功能，更好地发挥它在社会生活中的中心地位和作用，并与其他功能产生协同效应。

当前基于社会学方法的规划分析方法包含"定性分析"和"定量分析"，传统方法一般通过调查分析周围地区所能提供的资源（包括所在地的建设条件，自然条件，政治、经济、文化条件等）、农业生产特点、工业发展水平以及和周围城市的分工协作关系，充分了解各部门对城市发展建设的意图和依据，合理地确定城市功能定位。

（1）背景

宏观分析：根据当前国际全球化背景、信息化背景以及社会人文思潮，反思城市发展的模式与终极目标，有助于使城市设计功能定位更具有前瞻性。关注人文的规划更容易获得公众的支持，产生城市认同感。

政策分析：我国城市规划是宏观调控在空间中体现的重要手段，因此当前政策分析也对城市功能有着众多限定。比如以前通过新行政中心推动新城发展，以土地效益促进城市基础设施发展的模式，因楼堂场馆禁令的出台得到一定程度的遏制而发生转变。

周边分析：任何区域都受到周边的影响。分析区域周边功能与特点，寻找自我价值与发展模式，这是规划功能定位中最重要的步骤。尤其是在中国快速城市化过程中出现了强烈的区域一体化聚合模式，所有规划设计都需要找出自身在系统中的明确定位（图 7-18）。

（2）理念

案例分析：在设计实际操作层面，案例分析是我们思考任何设计的最容易、最必要的切入点。通过比较同类型案例的历史沿革、功能分布、规模容量、周边协作以及其核心发展诉求，可为设计本身提供可思考和借鉴的模式。

理论解读：无论何时，设计师都必须关注规划理论界的传统理论以及最新的发展与思考研究，如新都市主义、紧缩城市、景观生态学等设计理

二维码 7-5　扫码高清看图

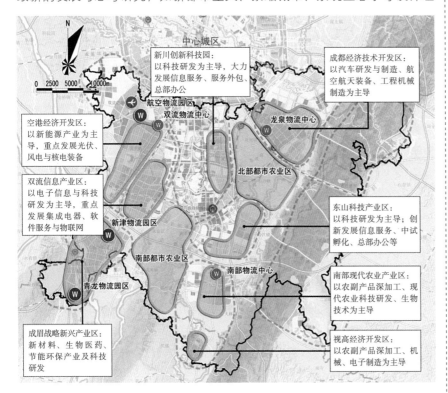

图 7-18　周边产业用地布局规划分析

（资料来源：颜勤绘制）

（a）

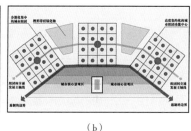

（b）

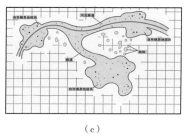

（c）

图7-19　设计理论研究分析
（a）新都市主义；（b）紧缩城市；（c）景观生态学
（资料来源：颜勤根据资料绘制）

论（图7-19），对自身规划进行反思，适当地引入相关理论，能使规划立足高远，赢于先机。

分析工具：规划本身是一种空间战略的思考，因而与其他分析与管理的学科有较多交融与相似之处，比如常见的**SWOT**分析、**PARTS**竞合分析、引力分析等。特别是当前在**GIS**支持下地理科学在空间分析上有了长足的发展，而管理学科依托计算机的便利和复杂科学亦取得了很多实践性的进步，这些都值得设计师借鉴。

（3）现状

经济分析：良性的城市发展策略应该具有长远的产业发展策略，这需要实体产业发展的支撑。在居住与商业中促进第三产业的合理分布，形成具有区域吸引力的商业综合区，同时提高其可达性；在工业中分析当前区域产业链的完整度以及依托当前区位优势可形成的产业发展愿景；在办公区兼顾与城市生活区融合，形成部分总部基地与产业孵化中心；在滨水与临山的区域形成城市休闲与相关旅游服务项目，以上这些策略都将影响城市功能空间的分布。

环境分析：通过分析现状城市内部绿色网络与外部承担城市休闲的区域环境，有助于设计师制定正确的环境设计方案，划定合理的生态绿化网络系统。当前结合城市绿道与道路绿化的环境分析，逐渐成为规划师的共识。

社会分析：社会分析本质上是要提高城市中的公共服务质量与生活品质。最有效的手段是通过社会调查以及网络展示等公共参与策略，在规划中与公众进行有效的沟通互动，充分吸纳公众的建议。

7.2.2　确定城市主要功能区

城市中同种活动在城市空间内高度聚集，形成了功能区，各功能区以某种功能为主，没有明确的界限，一般有住宅区、商业区、工业区和公共服务区（如文化旅游区、科技文化区、总部经济区）等（图7-20、图7-21）。

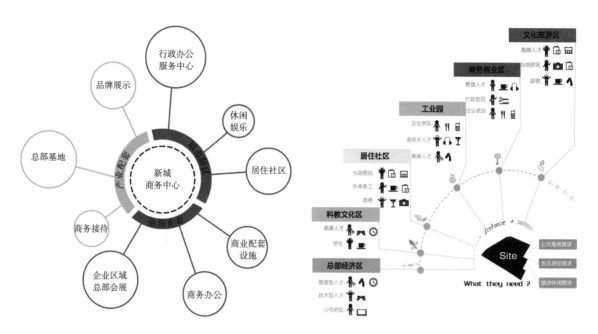

（1）公共服务区

公共服务区一般是公共服务设施所在的区域范围，是为市民提供各种公共服务产生社会交往的区域，包括教育、医疗卫生、文化娱乐、体育、社会福利与保障、行政管理、社区服务等方面，配件设施的规模应该与居住人口规模相对应，并且与住宅同步规划建设。公共服务设施应该均匀地分布在城市用地当中，并且保证合理的服务半径需求。

（2）商业区

商业区占城市用地面积的 15%~30%，大多数呈点状、条状或组团状。城市中的商业区可分为多种类型，社区型商业区一般位于城市中心地带、生活型干道两侧、街角路口等处。组团型商业区集中于对外交通站点周边，是对整个对外交通站点周边用地的提升。城市商业综合体的模式可以把商业与居住、工业结合，满足工业区用地的复合型使用，提高土地使用效率，满足居民的日常生活需求。商业是联系城市的重要活力因素，具有多层次、多模式的形式，而当前商业地产的发展为城市设计提出了更多的要求。

（3）居住区

居住区具有容纳市民这一城市最基本的功能，其规划与设计永远是城市化的重要议题，城市用地中比例最大的亦是居住区用地。当前居住区多依托重要公共设施、山水环境进行布局，其布局模式根据层级与邻接关系可分为两种模式。

邻里中心模式：邻里中心模式始于邻里思想与当前西方盛行的新城市主义的主要思想，在城市中形成可达等距离的城市公共服务设施体系。社

图 7-20 功能区构思（左）
（资料来源：颜勤绘制）

图 7-21 功能区定位分析（右）
（资料来源：颜勤绘制）

二维码 7-6 扫码高清看图

区公共服务、绿化休闲组团、便利交通换乘点以及串联商业与工作区域的城市绿道，构成了邻里中心的重要核心。

区域分异模式：根据区位价值理论，由城市商业商务中心、重要景观资源以及部分新城所依托的交通综合体形成了从中心向外扩散、建筑容量从高到低的居住区分布模式。

（4）工业区

工业区一般分布在城市外缘、交通干道两侧，集聚成片，专业化程度比较高，集聚性比较强。工业分为一类工业、二类工业、三类工业，它们对城市的污染程度依次减弱，布置工业区时应注意不要将其布置在城市的上风向和城市水源的上游。工业区布置主要有综合性科技城模式和总部基地产业发展模式（图7-22）等。

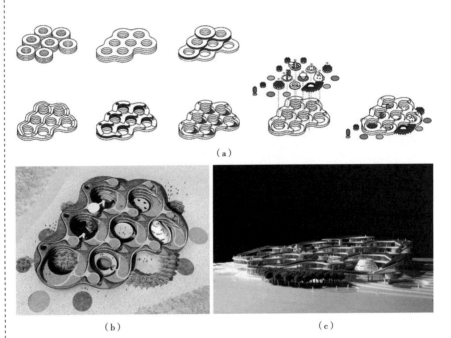

图7-22　总部基地城市设计案例
（a）总部基地概念生成；
（b）总部基地模型示意；
（c）总部基地手工模型

随着传统产业的全行业产业链形成，科研技术的发展，高新技术园区应运而生，它是依托高新技术的市场机制来发展的，在形态上与单一产业功能不同，其与城市的结合更加紧密，形成产城一体化的发展模式。

7.3　城市道路构思

城市道路交通与城市形态的关系类似于树干与树形的关系。道路就像树干为树提供水分和养分一样为城市提供能量与动力。同时，又像树干控制树形一样，对城市的形态演化起着控制作用。

交通停车同样是城市空间环境的重要构成。它与城市公交运输换乘系统、步行系统、轨道交通等的线路选择、站点安排、停车设施组织在一起，成为决定城市布局形态的重要控制因素，直接影响到城市的形态和效率。从宏观方面看，城市交通主要与城市规划和管理有关；城市设计主要关注的是静态交通和机动车交通路线的视觉景观问题。

除了要承载城市交通运输这一基本职能外，城市道路的景观需求同样重要。当它与城市公共道路、步行街区和运输换乘体系连接时，可直接形成并驾驭城市的活动格局及相关的城市形态。

7.3.1　城市道路设计要点

道路功能：按照城市不同的功能需求设置城市对外交通、公共交通、轨道交通和城市停车设施，包括需求量分析、道路负荷分析等，确定各种交通类别的规模和路线。

用地布局：各级道路分别为各级城市功能区的分界线，也为联系城市各用地的通道，应按照不同等级、类别的需求，形成完整的道路系统。

交通运输：道路系统的结构、功能要明确，并且与相邻用地的性质相协调，应保持交通通畅，形成独立的机动车系统、非机动车系统和人行系统。

城市环境：道路的规划应符合城市的自然地理条件，包括地形条件和气候条件，使城市与环境很好地结合并有利于城市通风，方便驾驶员识别空间方位和环境特征。常见手法有：沿道路提供强化环境特征的景观；街道小品与照明构成交织的街景；城市整体道路设计中的景观体系和标志物的视觉参考；因街景、土地使用而形成的不同道路等级。

城市市政公用设施：道路布局要满足各种管线的铺设需求，为其预留足够的空间，并且满足各种覆土和坡度的需求。

城市防灾减灾：应保证道路与对外交通设施、广场、公园、空地等紧急避难场所的通畅，满足城市道路网密度的需求和救灾通道标准。

城市空间景观：道路本身应是积极的环境视觉要素，城市设计要能促进这种环境质量的提升。具体有四点要求，即对多余的视觉要素的屏隔和景观处理；道路所要求的建筑高度和建筑红线；林荫道和植物；强化道路中所能看到的自然景观。

7.3.2　城市道路的类型等级

不同功能的道路，其城市设计的要求和考虑也是不同的。综合考虑到步行空间环境和车辆进出方便的有机平衡，可以将街道按其功能作用不同分成不同层次和类别。在整个城市道路网中，每一条道路都应当根据与城市用地的关系，按道路两旁用地所产生的交通流性质来定义明确的功能，主要分为以下两大类：

①交通性干道：是以满足交通运输的要求为主要功能的道路，承担城市主要的交通流量。

②生活性干道：是以满足城市生活性客运要求为主要功能的道路，主要为城市居民购物、社交、游憩和观光等活动服务，以步行和自行车交通为主。

（1）城市道路网类型

从城市道路网布局上看，城市道路网络系统的布局类型通常有方格式（棋盘式）、环形／放射式、混合式和自由式四种类型（图7-23）。

图7-23 道路网结构
（a）方格式（棋盘式）道路网；（b）环形/放射式道路网；（c）混合式道路网；（d）自由式道路网
（资料来源：（a）（b）迪特尔·普林茨.城市设计（上）——设计方案（原著第7版）[M].吴志强译制组，译.北京：中国建筑工业出版社，2010：99；（c）（d）陈灿绘制）

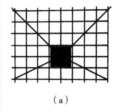  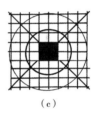 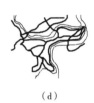

（a）　　　　（b）　　　　（c）　　　　（d）

方格式（棋盘式）道路网：适用于地形平坦的城市，也多用于城市新区中心区的城市设计（图7-24）。优点有：因平行方向有多条道路，便于分散交通，灵活性大；划分街坊规整，有利于建筑物的布置。缺点有：城市对角线方向的交通联系不便，非直线系数大；如果不配合交通管制，容易形成穿越中心区的交通。

二维码7-7 扫码看高清图

图7-24 城市中心区方格网道路设计
（资料来源：颜勤根据资料绘制）

环形/放射式道路网：放射状道路大多指向市中心，如果没有环形线路，势必造成市中心拥堵。优点包括其放射形干道有利于市中心同外围地区的联系，环形干道有利于市中心外各区的相互联系。缺点有易产生许多不规则街坊；使人流和车流向城市中心区域集中，导致交通拥堵现象，交通灵活性不如方格式道路网；增加了居民的无效出行距离，增加了路网的负担。

混合式道路网：在同一城市中，由共存的上述几种类型的道路网组合而成。大城市多采用混合式道路布局，一般采用方格—环形—放射式道路网，既有方格式、环形式和放射式道路各自的优点，又避其各自的短处。

自由式道路网：道路结合不规则自然地形依山就势，傍水临绿，景观效果丰富，可形成人车分流效果。优点包括通过规划，既可取得良好的经济效果和人车分流效果，也可形成丰富的景观效果；在城市功能区的规划与建设方面具有很大的灵活性，创造空间大。缺点在于易形成不规则街区和地块，给建筑朝向布局带来困难；非直线系数大。

（2）城市道路的等级

1）快速路

城市快速路是全市性的交通干道，联系城市中的各个组团，服务于中、长距离的客货运输，同时又是城市与高速公路的联系通道。快速路两侧应设置一定宽度的辅道，但不设非机动车道。与快速路交汇的道路数量也应该严格控制，当快速路与快速路、快速路与主干道相交时应设置立体交叉；次干道与快速路相交时，只接辅道；支路不能与快速路相接。

2）主干道

主干道是城市道路网的骨架，是连接城市各主要分区的交通干线，以交通功能为主，与快速路共同承担城市的主要客货流量。主干道的机动车和非机动车应实现分流，主干道两侧不宜设置吸引大量人流和车流的公共建筑入口。主干道与主干道相交时设置立体交叉（近期可采用信号灯控制），主干道与次干道、支路相交时，可采用信号灯控制或渠化路口。

3）次干道

城市次干道是地区性的车流、人流集散道路，可以设置大量的公交线路，广泛联系市内各区。次干道两侧可以设置吸引人流和车流的公共建筑、机动车和非机动车的停车场地、公交站及出租车服务站。次干道与次干道、支路相交时，可以采用平面交叉。

4）支路

支路是次干道与小区道路（或街坊内部道路）的连接线，可以设置大量的公交线路。在整个规划道路网中，支路所占的比重最大，支路与支路相交时可不设置管制或信号控制。

7.3.3 路网设计手法

在了解了城市道路设计要点、城市道路类型和等级的基础上展开路网设计的构思。路网决定着城市发展的骨架、结构以及城市未来发展的雏形，经济且适宜城市地形环境条件的城市路网结构是城市设计的重点之一。所以，我们从城市设计路网构思的角度出发，尝试总结路网形态设计的手法，大致分为三个步骤：塑造主形、平行扩张、均匀网格。

（1）结合特点塑造主形

任何一个城市或者区域，都需要强调一个中心，或者一种结构，这和平面构成法则极其相似，如同一幅艺术作品的重心。塑造路网主形时，比较常见的是围绕着山水地形的边界形成主导性的图案，构成城市空间中的视觉焦点。在地形相对平坦的区域，则是围绕绿地或水系，形成明晰的城市空间结构（图7-25）。

（2）围绕中心平行扩张

制定出中心结构策略之后，一切的工作就显得简单很多，接下来就是围绕着路网主要形式进行平行的辐射和扩张，CAD中的偏移复制（offset）命令与其有异曲同工之妙。围绕主形的平行或垂直构架，有助于强调主体的空间结构，进一步凸显空间特点（图7-26）。

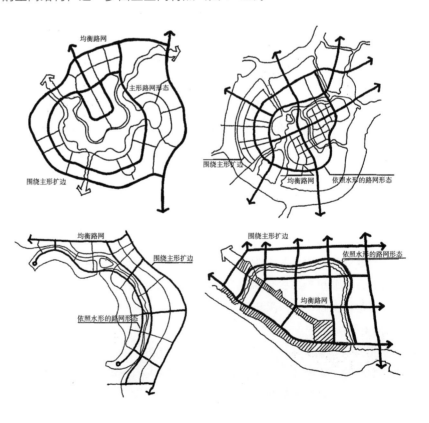

图7-25 主形路网塑造
（资料来源：彭建东，刘凌波，张光辉.城市设计思维与表达[M].北京：中国建筑工业出版社，2016）

图7-26 平行扩张强化路网形式
（资料来源：彭建东，刘凌波，张光辉.城市设计思维与表达[M].北京：中国建筑工业出版社，2016）

（3）均匀网格拓扑围合

经过上面两步，大部分路网设计主体结构完成，但是最后这一步完善路网细节的工作其实亦是很重要的。成熟的规划师所设计的路网草图往往显得均匀、平衡，而缺少训练的设计师则习惯用垂直正交网络，显得生硬、呆板，尤其是在十字网格结束于异形空间时的收尾。

我们可以通过分析和总结，尝试总结网格划分的技巧。一般而言，异形网格主要由三角异形和弧形异形组成，均衡的图形大多具有三个特点：角点均衡、异形垂直、离心趋向。角点均衡，意味着角点围绕虚拟的圆形区域构图分布；异形垂直，意味着线条通过局部曲线化在交汇处形成 90°夹角；离心趋向，意味着弧形线条围绕中心离心围合。

7.3.4　道路空间特征

"道路"主要满足人和车辆等交通通行功能，是按其所承担的交通流量来划分等级的。一般情况下，道路等级越高，围合空间感越弱，车行流量越大，步行流量越小，道路的特征越显著，如城市快速路和城市主干路；相反，道路等级越低，围合空间感越强，车行流量越小，步行流量越大，街道的特征越显著，如城市次干路和城市支路等。城市道路的空间设计除了比例与尺度、韵律与变化、对比与协调等视觉美学上的要求之外，还具有以下空间特性。

（1）空间领域性

领域性强调的是人的社会性及其对空间使用方式作出的本质修改，并常常呈现出明显的空间层次（例如私有空间—半私有空间—半公共空间—公共空间的层次梯度）。城市道路作为个体生活向城市空间领域延伸的主要环节，具有一种外向导引性，而且会因使用方式的不同而呈现出不同的场所领域特征。

（2）空间渗透性

城市道路的空间渗透性主要表现在两个方面：一是步行空间与建筑空间的渗透。比如说我国南方城市的传统骑楼，还有将商业与城市立体交通换乘枢纽一体化布置的做法，均反映了这种渗透性。可以通过公共、半公共、半私密、私密空间的梯度变化来展现一种空间过渡范围的不定性。二是在道路空间内部，人与车也存在着相辅相成的依存关系。舒适方便的步行活动需要以完善的车行交通系统作为依托，而再完整的车行系统也需要以步行交通作为连接与补充。

（3）空间连续性

城市道路的空间连续性是人们感知城市整体意象的基础，而道路在这条空间线路上充当了连接形象要素的组织角色，所以凯文·林奇强调"可识别的道路，应具有连续性"。道路的连续性可以通过道路两侧的绿化，建筑布局，建筑的用途、风格、形式与色彩及道路环境设施等的延续设计来实现。

7.3.5 静态交通构思

静态交通是指非行驶状态下的交通形式，静态交通设计主要包括停车场等的设计，要对停车量进行预测，选择合适的停车形式和出入口位置，设置合理的回转半径。停车场的布置一般选择在对外交通设施附近和大量人流汇集的文化生活设施附近，一般的中小型停车场可在其所服务的地区内选择（图 7-27、图 7-28），自行车停车场一般在沿道路的空余地段或者其服务的地区内。

停车对环境质量有两个直接作用：一是对城市形体结构的视觉形态产生影响；二是促进城市中心商业区的发展。因此，提供足够的同时又具有最小视觉干扰的停车场地是城市设计成功的基本保证，通常可采用四种途径。

（1）在时间维度上建立一项"综合停车"规划。即在每天的不同时间里由不同单位和人交叉使用某一停车场地，使之达到最大效率。

（2）集中式停车。一个大企业单位或几个单位合并形成停车区。

（3）采用城市边缘停车或城市某人流汇集区外围的边缘停车方式。

（4）在城市核心区用限定停车数量、时间或增加收费等手段作为基本的控制手段。

随着城市停车难问题越来越突出，停车楼和机械停车库因为其节约城市用地的特点，发展潜力巨大，同时它也直接影响着城市的街道景观。城市设计中的立体停车方式，特别应注意与城市街道的连续性和视觉质量。

图 7-27 城市内停车场（左）

图 7-28 石梁旅游服务中心停车场（右）

7.4　开放空间构思

　　按照空间的遮蔽及开敞程度，城市中的空间系统可分为以下两类：建筑空间和城市开放空间。建筑空间指建筑室内空间，是建筑结构实体遮蔽和围合的部分。开放空间又称开敞空间或旷地，指在城市中向公众开放的开敞性共享空间，非建筑实体所占用的公共外部空间，以及室内化的城市公共空间。

　　城市的空间由实体和空间两部分构成，如两个建筑实体形成时，建筑之间的空间也就随之产生。城市开放空间是城市形体环境中最易识别、最易记忆、最具活力的组成部分。空间与空间之间相互联系、有机组合而形成的空间系统，为城市的各种活动提供表演的舞台。在城市设计中，开放空间是主要的设计对象之一，是可以留住人并进行社会活动，促进人与人之间交流的场所。城市开敞空间包括公园、广场、街道、室内公共空间等，这些空间在城市中应有便利的交通，可以有机地组织城市空间和人的行为；有易于识别的特征，各类元素与城市协调有序，延续城市自然和文化景观，构成功能与形式丰富多彩的场所情境。开放空间是城市形象建设的重点，也是树立城市形象的关键，设计中要把握住开放空间所具有的边界、场所、节点、连续性等特征。

7.4.1　开放空间的特征

　　如何在城市空间环境中为人们留出更多、更大的户外和半户外的开放空间，增加人们与自然环境接触的机会，是城市建设各级决策机构和城市设计专业工作者在改善城市环境品质方面的重要任务。

　　开放空间意指城市的公共外部空间，包括自然风景、硬质景观、公园、娱乐空间等。

　　一般而论，开放空间具有四方面的特质：①开放性，即不能将其用围墙或其他方式封闭围合起来；②可达性，即人们可以方便进入、到达；③大众性，服务对象应是社会公众，而非少数人享受（图 7-29）；④功能性，开放空间不仅仅是供观赏之用，而且要能让人们休憩和日常使用（图 7-30）。

　　开放空间的评价并不在于其是否具有细致、完备的设计，有时未经修饰的开放空间，更加具有特殊的场所情境和开拓人们城市生活体验的潜能。

　　城市开放空间主要具备以下功能：①提供公共活动场所，提升城市生活环境的品质；②维护、改善生态环境，保存有生态学和景观意义的场

图 7-29 肥城龙山河城市
开放空间（左）
（资料来源：潘銮拍摄）

图 7-30 重庆中央公园休
憩设施（右）
（资料来源：颜勤拍摄）

所，维护人与自然环境的和谐，体现环境的可持续性；③有机组织城市空间和人的行为，行使文化、教育、游憩等职能；④改善交通，并提高城市的防灾能力。

开放空间对于公共活动和生活品质的支持作用体现了人们在社会文化和精神层面的追求，而其负载的生态调节和防灾功能直接涉及健康和安全的基本要求。开放空间对热、风、水、污染物等环境要素的集散运动具有正面的调节作用，有利于从源头上减少危及安全和人体健康的致害因素，降低热岛效应、洪涝、空气污染等城市灾害的风险水平；片区间绿地、滨水空间、卫生防护绿地、建筑之间的室外场地等缓冲隔离开放空间能够为相应的建筑和区域提供有效的外防护屏障，降低噪声、有害气体等物理环境要素的危害程度，抑制火灾等灾害的蔓延；有些开放空间是地震、街区大火等城市广域灾害的疏散避难、救援重建等防救灾活动的主要场所。不论在城市总体还是在局部环境中，开放空间系统对于提升城市空间环境的容灾、适灾能力，降低灾害损失，都具有不可替代的作用。

7.4.2 功能形式构思

大多数开放空间是为满足某种功能而存在的，故连续性是其重要特征。凯文·林奇在《开放空间的开放性》一文中指出，开放空间因它开阔的视景成为城市中最有特色的区域，它提供了巨大尺度上的连续性，从而有效地将城市环境品质与组织作了清晰的视觉解释。

城市开放空间是一个空间系统，由各种类型的空间构成。按空间表现形式可分为：

（1）广场空间，以多功能、综合性为特点，构成市民公共活动的中心（图 7-31）；

图 7-31　重庆中央公园广场开放空间（左）
（资料来源：颜勤拍摄）

图 7-32　重庆中央公园草坪开放空间（右）
（资料来源：颜勤拍摄）

（2）绿色空间，以自然植被为主体形成的空间，如各种公园、绿地等（图 7-32）；

（3）街道空间，主要指以步行活动为主的空间，如步行街、林荫道等；

（4）亲水空间，城市中重要的公共活动场所，存在于河流水系边缘，以水的观赏和活动为主的游憩空间。

开放空间是人们外部认知、体验城市的载体，也是呈现城市生活环境品质的主要领域。今天，开放空间已经超越了建筑、土木、景观等专业领域，而与社会整体的关系越来越密切。开放空间的组织需要政策、需要合作，在考虑较大范围的开放空间时，应与国土空间规划相结合。

图 7-33　开放空间界限
（a）清晰边界；（b）不确定边界；（c）软硬结合边界
（资料来源：彭建东，刘凌波，张光辉．城市设计思维与表达[M]. 北京：中国建筑工业出版社，2016）

7.4.3　限定元素构思

（1）边界

开放空间的界限通常是开放空间设计最敏感的部分，是形成不同空间感觉的关键；设计中要把握开敞空间的边缘，对边界进行界定，可虚可实，可利用天然屏障界限，还可利用人工构筑物，要营造出空间的整体感和连续感。开放空间的边界在一定程度上和城市景观环境的边界相吻合（图 7-33）。

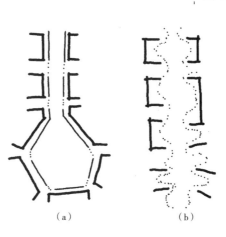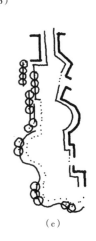

（a）　　　　　（b）　　　　　（c）

边界限定的主要方法：清晰明确，软硬结合。清晰明确是指在限定边界时，建筑与环境处理的限定元素必须明确，减少视觉空间出现的不连续感，对于建筑的限定而言，就是使用压边的做法。软硬结合是指在限定处理时，建筑的围合与景观软性的围合相互结合，避免过于生硬。尤其是在大型的开放空间中，建筑边界使得轴线更加明晰，景观空间限定则使其更加灵动。

（2）场所

场所的设计则必须根据每一个具体空间的特性、功能需求来决定其规模、尺度、空间结构、空间意象、环境设施等要素的布局。场地分为广场空间、街道空间、滨水空间等，不同的类型都要满足它的开放性、社会性、功能性、宜人性。

开放性：对城市居民无条件开放；社会性：满足居民的社会生活需要；功能性：满足人的各种功能需求；宜人性：满足人的各种人性尺度的需求。

在开放空间系统中，场所的塑造主要决定着系统的形态与语言。因此，要求场所必须具有相对的完整性和功能性，在空间语汇中则要求形式明确，大多由基本形式组合而成，边界清晰。

（3）节点

节点是城市功能组织的重心，居住、工作、娱乐、交通等城市基本功能均与城市节点有直接的联系，其是景观的重要控制点，还是可以帮助人识别方向和距离的场所，起到城市标志的作用。

城市节点须与周围建筑群体呼应，与周围空间形成对比，并创造良好景观条件，周围的景观在节点处达到高峰，同时要合理布置环境设施。节点可由场地或者建筑组成，形成软性或硬质的节点模式，并且须在图面空间上有足够的表达与强调。

（4）连续性

城市开放空间要形成体系，自然要有一定的连续性，并且结构合理，做到点、线、面相结合和轴线的塑造。最能体现城市开放空间连续性的是城市轴线，它是由城市开放空间体系和城市建筑的关系表现出来的，一般在城市中营造连续的绿道形成景观轴线，绿道周边建筑的建设要有序、整体，形成建筑空间通廊并符合人的视觉轴线。

7.4.4　开放空间的建设实践

在实践中，开放空间设计比较注重公众的可达性、环境品质和开发的协调。同时，设计已从注重规划主体的效率与经济利益转向重视综合的

环境效益。

在一些西方国家，对开放空间的规划设计一向非常重视，除了注重景观和美学方面外，对开放空间在生态方面的重要作用认识也比较早。早在19世纪，美国景观建筑师唐宁就认识到了城市内部开放空间的必要性，并提议建立公园。他还建议将郊区建成连接城市与乡村的中间地带，得到了建筑师和园林专业人士的支持。西方国家把城市开放空间看作是社会民主化进程在物质空间方面的重要标志（图7-34~图7-36），有的用法律的形式将其固定下来。

近些年来，英国以生态保护、资源利用及环境灾害防治为主要目标，强调将城市绿带、蓝带、林荫道、公园、公共绿地等开放空间连接为整体系统。德国从区域、城市、分区、居住区、建筑各个层面对私人及公共开放空间进行保护、抚育、恢复和品质提升，发挥其生态、美学、环境、休闲娱乐的综合效益。日本主要针对地震及地震引发的火灾，积极推进灾害隔离带以及以"防灾公园"为代表的防灾避难救援场所的建设，并结合对空间布局、建筑间距等要素的控制，提升地段、街区到城市总体的防救灾能力。上述实践全面拓展了对开放空间多维功能属性的认识，提高了对开放空间的社会、生态、防灾等综合效益的开发利用。

今天，开放空间作为城市设计最重要的对象要素之一，其以往概念定义又有了新的发展。如纽约中心区相互毗邻的索尼大厦和国际商用机器公司总部、中国香港汇丰银行设有城市与建筑内外相通的连续中庭空间，这种空间形式上虽有顶覆盖，但其真正的使用和意义却属于城市公共空间，这一概念的发展为开放空间的设计增加了新的内容。

在城市建设实施过程中，开放空间一方面可以用城市法定形式保留；另一方面则是通过城市设计政策和设计导则，用开放空间奖励的办法来进行实际操作，这种办法在美国纽约、日本横滨等城市运用已经非常普遍，环境改善效果显著。

图7-34　丹佛中心区开放
　　　　　空间体系（左）
（资料来源：Down Area Plan[Z]. Denver，1986：14. Cameron. Above New York[M]. Cameron and Company，1996：37.）

图7-35　伦敦泰晤士河边
　　　　　的下沉广场（中）
（资料来源：https://www.sohu.com/a/150521723_534505）

图7-36　巴黎市拉德芳斯
　　　　　区城市开放空间
　　　　　（右）
（资料来源：https://www.sohu.com/a/150521723_534505）

二维码7-8　美国纽约高线公园

7.5　建筑形态构思

建筑实体是城市空间最主要的决定因素之一。城市中建筑物的体量、比例、尺度、空间、功能、造型、材料、用色等对城市空间环境具有极其重要的影响。广义的建筑还应包括桥梁、护堤、水塔、电视通信塔乃至烟囱等构筑物。城市设计虽然并不直接设计建筑物，但却对其区位、布局、功能、形态，包括体量、色彩、质地及风格等提出了合理的控制与引导要求。城市设计直接影响着人们对城市环境的评价。城市空间环境中的建筑形态构思具有以下特征：

（1）建筑形态与气候、风向、日照、地形地貌、开放空间具有密切的关系。

（2）建筑形态符合城市运转的需求。

（3）建筑形态能够表达特定环境和历史文化特点的美学含义。

（4）建筑形态与人们的社会和生活活动行为相关（图7-37）。

（5）建筑形态与环境一样，具有文化的延续性和空间关系的相对稳定性。

7.5.1　整体构思

建筑实体对城市环境的影响，关键不在于建筑本身的优劣，而是建筑物和构筑物的群体效应，如对天际线的影响。天际线（又称城市轮廓或全景），是由城市中建筑群的顶部轮廓构成的整体结构。天际线体现着每个城市独有的一面，没有一个城市的天际线是一样的，比如上海、香港的天际线各自凸显其城市特色。

吉伯德曾指出："我们必须强调，城市设计最基本的特征是将不同的物体联合，使之成为一个新的设计，设计者不仅必须考虑物体本身的设计，而且要考虑一个物体与其他物体之间的关系。"也即我们常讲的"整体大于局部"。

城市天际线并非是局部地从某一点或某一时间所得到的城市面貌，而是城市在动态发展中的静态展现，结合了城市基地、建

图7-37　重庆工业博物馆
　　　　改造建筑
（资料来源：颜勤拍摄）

图 7-38　重庆市渝中区城
市天际线
（资料来源：王崇拍摄）

筑物、构筑物以及自然风貌。应在保护原有特色建筑的基础上，建设布局新的建筑，不能局限于单纯的平面构图，需要符合建筑与自然的关系和城市空间格局（图 7-38）。

因此，建筑形态整体构思需要考虑以下几方面：

（1）建筑设计及其相关空间环境的形成，不仅能够成就自身的完整性，而且能对所在地段产生积极的环境影响（图 7-39）。

（2）注重建筑物与相邻建筑物之间的关系，基地的内外空间、人流活动、交通流线和城市景观等，均应与地段环境文脉相协调。

（3）建筑设计不应"唯我独尊"，而应关注与周边的环境或街景一起，共同形成整体的环境特色。设计者必须认真体会培根教授的"后继者原则"。除非要建标志性建筑，否则不能力图突出自己，应考虑环境、历史，必要时甘当"配角"，更好地衬托主体，使新老建筑相得益彰（图 7-40）。

7.5.2　形态控制

从城市控制和管理方面看，城市设计从一套弹性城市开发建设的导则和空间艺术要求入手，考虑建筑形态和组合的整体性。导则的具体内容包括建筑体量、高度、容积率、沿街后退距离、外观、色彩、风格、材料质感等。城市设计导则可以对建筑形态设计明确表达出鼓励什么、不鼓励什么及反对什么，同时还要给出允许建筑设计所具有的自主性的底线。

例如，培根在主持旧金山的城市设计中，首先分析出城市山形主导轮廓的形态空间特征，并为市民和设计者认可，然后据此建立城市界内的建

图 7-39　工业建筑改造与
环境（左）
（资料来源：颜勤拍摄）

图 7-40　烟囱等构筑物与
新建筑对比（中）
（资料来源：颜勤拍摄）

图 7-41　渝中半岛建筑形
态对比（右）
（资料来源：王崇拍摄）

筑高度导则，"指明低建筑物在何处应加强城市的山形，在何处可以提供视景，在何处高大建筑物可以强化城市现存的开发格局"。类似地，建筑体量也可通过导则所建议的方式来反映城市设计的文脉（表 7-1）。如重庆市渝中区洪崖洞巴渝传统山地民居体现出城市文脉与地域特征，与解放碑新建的高层建筑形成鲜明的建筑形态对比（图 7-41）。

建筑实体控制与引导内容　　　　　　　　　　　　　　　表 7-1

项目名称	内容说明
建筑高度	建筑物的竖向尺寸，常以自室外地坪至女儿墙顶或檐口或屋脊的高差（m）来计算
建筑密度	一定地块内，所有建筑物的基底总面积占用地面积的比率（%）
容积率	一定地块内，总建筑面积与建筑用地面积的比值
绿地率	城市一定地区内各类绿化用地总面积占该地区总用地面积的比率（%）
出入口方位	建筑出入口在其用地上开设的方位，以此确定其与城市道路的联系
建筑后退红线距离	城市道路两侧建筑外墙自道路红线后退的距离（m），其界线又称建筑控制线
建筑间距	两栋建筑外墙之间的水平距离（m），常根据各地日照标准等因素确定
建筑形式	建筑物的外部形象，常为建筑的形状、尺寸、色彩、质感的综合体现
建筑体量	建筑物所占空间的大小及其给人们的感受，一般在一定高度限制内，以此来避免建筑物过于庞大，可以建筑物最大平面尺寸或最大对角线平面尺寸计量
建筑色彩	建筑物外饰面的色彩，是建筑形态的主要影响因素之一，常分为主导色与辅助色两类，在色彩运用中一般以调和为主，对比为辅
建筑风格	建筑在历史文化积淀中所形成的总体形态特征，它反映了一定时代和地域内人们所追求的精神风貌和文化品格

二维码 7-10　扫码高清看图

有时也可以提出一种宏观层面的"城市设计概念"来实施建设驾驭。如培根提出运用于费城中心区开发设计和实施的"设计结构"概念。它为引导建筑设计和所有其他"授形的表达"提供了"存在的理由"。

总的来说，现代城市设计与传统城市设计相比，更加注重城市建设实施的可操作性，也更加注重建筑形态及其组合背后隐含着的文脉和社会背景。

作业 9 建筑基本形态抄绘

1. 作业要求

使用绘图笔抄绘在 A4 白纸上，线条流畅，图面清晰（图 7-42）。

2. 评分标准（表 7-2）

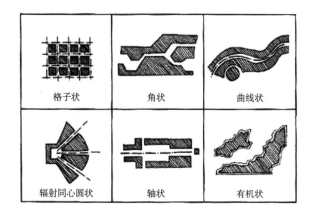

图 7-42 建筑形态组合的一般形式
（资料来源：https://www.51wendang.com/doc/93ae177f75aaf996ef3d2e13/10）

建筑基本形态抄绘（总分100分） 表 7-2

序号	分数控制体系	分项分值
1	图面清晰	20
2	能够准确表达建筑和空间的比例关系	50
3	线条流畅	30
	总分	100

作业 10 建筑组合形态抄绘

1. 作业要求

使用绘图笔、彩铅抄绘在 A3 硫酸纸上。建筑体量、形态准确，道路、硬质铺装和绿化等表达清晰（图 7-43）。

2. 评分标准（表 7-3）

建筑组合形态抄绘（总分100分）				表 7-3
序号	阶段	总分	分数控制体系	分项分值
1	图纸清晰、规范	60	图面清晰	20
2			能够准确表达建筑和空间的比例关系	30
3			线条流畅	10
4	整体效果	40	颜色搭配协调	15
5			整体视觉效果好	25
总分				100

作业 11　城市开放空间案例分析

　　规划地块位于某市老城区东部，原来是浙江大学华家池校区（部分），现状建筑质量一般，高度大多为多层。

　　本次规划将该地块定位为"城市东大门，次级商贸商务中心，集商贸商务和居住功能于一体的综合功能区"（图 7-44~ 图 7-46）。

图 7-43　城市设计总平面图

图 7-44　总平面图

图 7-45　总体鸟瞰图

图 7-46　临街透视图

1．作业要求

根据已知条件和本模块所学的知识，试着搜索相关资料评价该方案的优缺点，可从以下几方面着手：

（1）与环境相适应：这是一项协调性的评价，包括与历史、文化要素的协调。

（2）重场所，而不是重建筑物：城市设计的结果不是堆砌一组"美丽的"建筑物，而是提供一个好的场所为人们使用。

（3）易识别性：重视城市的"标志"和"信号"，这是联系人和空间的重要媒介。

（4）视景：研究原有的视景和提供新的视景。

（5）人的尺度：以"人"为基本出发点，重视创造舒适的步行环境，重视地面层和人的视界高度范围内的精心设计。

（6）通达性：使社会各个部分的各种人（不分年龄、能力、背景和收入）都能自由到达城市的各个场所和各个部分。

（7）维护和管理：便于使用团体维护、管理的措施，在设计中予以考虑和提供。

2．评分标准（表 7-4）

城市开放空间案例分析（总分100分）　　表 7-4

序号	分数控制体系	分项分值
1	绘制出结构图	20
2	绘制出道路系统图	30
3	通达性分析	10
4	方案尺度分析	20
5	建筑高度分析	20
	总分	100

二维码 7-11　作业参考答案

121

肆

第四篇
空间设计篇

Di-sipian

Kongjian Shejipian

8

模块 8　城市街道与步行街

模块简介

本模块主要就城市街道的相关知识作概要介绍，内容包括街道的概念、街道空间设计、街坊结合的街道空间景观设计。对城市步行街区的相关知识作概要介绍，内容包括步行街的功能作用、步行街的类型、步行街的形态模式。

学习目标

通过本模块学习，应达到以下目标：

1. 了解街道和道路的相关概念，能够描述出街道和道路的概念。
2. 理解街道空间设计和街坊结合的街道空间景观设计，能够设计街道空间及景观的初步方案。
3. 掌握街道和道路的层次等级及其设计要点。
4. 灵活和综合掌握街道和道路的相关知识，初步参与不同层次等级的街道和道路的设计工作。
5. 掌握步行街的功能作用、类型、设计要点，能够做出城市步行街区的初步方案设计。

素质目标

从城市街道与步行街的角度进行城市设计，培养学生特定空间类型设计的基本方法。通过徒手绘图和电脑绘图等实践内容提升职业技能，培养学生以人为本的设计理念，提高职业道德水准，增强学生的空间设计实践能力，提升科学思维的精神和团队合作能力。

学时建议：4 学时，3 学时讲授和 1 学时课中讨论。

作业 12　步行街道空间调研
作业形式：手绘与电脑制图相结合，彩色表现，完成小组汇报 PPT。

二维码 8-1　课件　　二维码 8-2　视频

8.1 城市街道概述

8.1.1 街道的定义

道路与街道的共性是：两者都是城市的基本线性开放空间，它既承担了交通运输的任务，同时又为城市居民提供了公共活动的场所。道路多以交通功能为主，而街道则更多地与市民日常生活以及步行活动方式相关。"街道"是一个不可分割的词汇，它集商业、休闲、交流和交通功能于一体。人们在谈及一个城市印象时，往往都会对街道产生印象，如巴黎的香榭丽舍大街、纽约的第五大道，或者上海的南京路、北京的王府井大街、广州的中山路等。

"街道"是指融合了人们的日常生活、商业、社交和游憩等多种生活功能的空间，街道两侧沿街一般具有比较连续的建筑围合界面，这些建筑与其所在的街区及人行空间成为一个不可分割的整体；"街道"的主要目的是社交性，这赋予其特色：人们来到这里观察别人，也被别人观察，并且相互交流见解，而目标最终在于活动本身，街道衡量着生活品质。

8.1.2 街道的功能

（1）空间认知功能

将静态元素和动态元素串联和组合起来，则形成了城市街道景观。而城市街道景观是人们感知整个城市意象的关键渠道，同时也是环境定位、环境认知和感知城市特色的重要因素。

街道是意象中的主导元素，人们正是在街道上移动的同时观察着城市，其他的环境元素也是沿着街道展开布局。意象与认知理论是通过对城市居民所描绘的、其中头脑对于城市的意象加以分析而得出的结论，证明了人的心理感受与城市空间的关系是密不可分的。人们对街道的认知功能体现为以下四个特征：

1）方位感。方位感是人们在城市运动及滞留时与空间发生的基本关系，街道的方向性对于人们判断自己的位置（图8-1（a）），并在城市中保持方位感具有重要的意义。

2）标识性。标识性是人们获得方位感最直接的渠道，包括道路交通标志和路面划线等。街道标志应该是街道中与周围环境有着强烈的对比或具有统领性的实体或空间，它在人们心中的熟悉程度影响着街道的"知名度"，对人们认知城市和街道有着重要的作用（图8-1（b））。

3）整体性。清晰的结构是人们形成城市整体意象的基础，街道的布局对于城市结构的清晰度起着决定性作用，其布局必须是有规律的和可预见的，结构形式也清晰明了（图8-1（c））。

（a）　　　　　　　　　（b）　　　　　　　　　（c）

4）层次性。城市中除了干道系统外，还需要有附属于干道系统的各类层次道路。

（2）社会生活功能

人们对街道本身形形色色的人的活动有更大的兴趣，因此，各种形式的人的活动应该是最重要的兴趣中心。街道除了满足一般交通性功能外，还要具备容纳多种深入的社会活动的功能条件。城市街道为人而存在，人是街道空间的主体，街道必须适合人的活动。城市街道空间的作用在于它可以为人们提供一个活动的场所，街道的活力正是来自街道场所内人们的各种社会交往和活动，如健身、下棋、交谈和儿童嬉戏等（图8-2）。美国密执安大学教授 James Chaffers 发展引伸了凯文·林奇提出的城市设计的几个要素，他提出城市设计的要素应变为以人为本的文化特征，其中之一就是"城市路径应演化为居民之间的亲密交往空间"。简·雅各布斯在她的著作《美国大城市的死与生》中也写道："城市街道是城市最重要的公共活动场所，是城市中最富有生命力的'器官'……当我们想到一个城

图8-1　深圳市华强北街道
（a）中轴线方位感；（b）建筑物标识性；（c）街道整体性
（资料来源：颜勤拍摄）

二维码8-3　扫码高清看图

**图8-2　街道的社会生活
场景**

市时，首先出现在脑海中的就是街道，街道有生气，城市也就有生气；街道沉闷，城市也就沉闷。"

8.2 街道设计模式

8.2.1 街道景观设计模式

从空间角度看，街道两旁一般有沿街界面比较连续的建筑围合，这些建筑与其所在的街区及人行空间成为一个不可分割的整体，道路则对空间围合没有特殊的要求，与其相关的道路景观主要是与人们在交通工具上的认知感受有关。街道路面则起着分割或联系建筑群的作用，同时，也起着表达建筑之间空间的作用。街道路面设计采用过各种各样的材料，如石板路、砾石路、沥青路、砖瓦路、地砖路等，这些材料在材质质感、组织肌理和物理化学属性上各不相同，形成丰富多彩的街道路面形式。

城市街道本身就是城市景观的重要组成部分，是展示城市文明风貌的"橱窗"，是人们生活交往的重要空间场所。因此，城市街道除了要承载城市交通运输这一基本职能外，其视觉景观需求同样重要。城市街道景观的设计应突出城市自身的形象特性，并考虑时间变量因素，充分展现城市特色。街坊中的景观空间为周边居民提供安全的停留空间，让他们完成社交、休憩功能。

城市的街道景观可分为静态景观和动态景观两种。街道静态景观，主要是指与道路交通有关的相对固定的客观实体系统，在构成上可分为以下几种。

（1）街道的边界

从二维角度考虑建筑平面轮廓的布局和三维角度考虑建筑外立面风格、材质、色彩设计，需要用街道的边界来保持道路底层气氛的连续性；整齐的裙房檐口给人以连续的界面体验；人们通过建筑外墙道路的宽度要与周边建筑高度统一设计。过长的街道给人以冗长无趣感，可通过改变道路空间与两侧建筑的形态关系，创造出有趣的界面空间（表8-1）。

（2）街道景观元素

街道的景观元素主要有行道树树池、道路侧石、盲道、雨水收集设施、道路绿化、港湾式车站、人行道铺装等（图8-3）。

（3）街道家具

街道空间中的街道家具主要指在街道上设置的邮箱、垃圾箱、电话亭、车挡、自行车停放区、休闲座椅、候车亭、书报亭、交通指挥标识、广告牌、照明设施、花坛、宣传旗帜等设施（图8-4）。

它们的造型和色彩等对体现城市的景观特色具有重要的意义。城市街道通过融入人们的公共活动而形成丰富的城市动态景观，这些公共活动均

道路空间与两侧建筑的形态关系　　　　　　　　　　　　　　　　　　　　表 8-1

原始街道边界		调整方法	改造后街道边界
沿街建筑物细高,形成"峡谷"空间	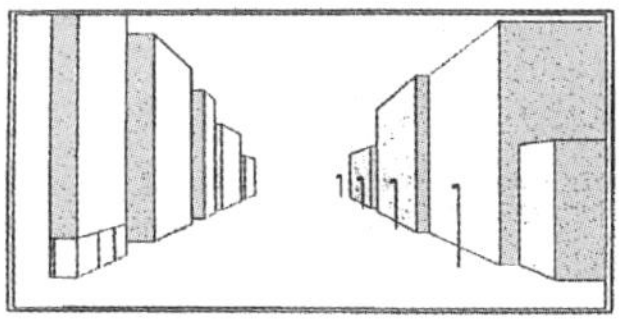	建筑主体塔楼墙面退后。当高层建筑没有裙房时,其高度效果逐级增强。借由路灯、树木和构筑物高度与裙房保持一致,打造平衡的空间关系	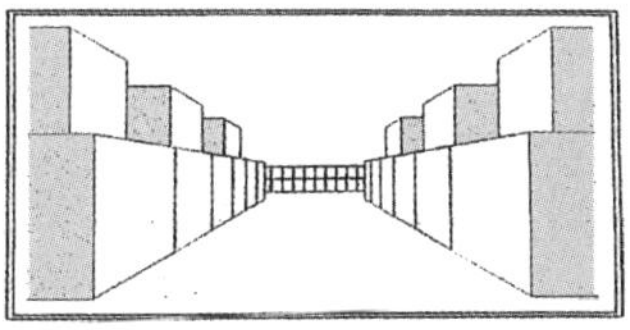
空间边界明显,高度感知敏感	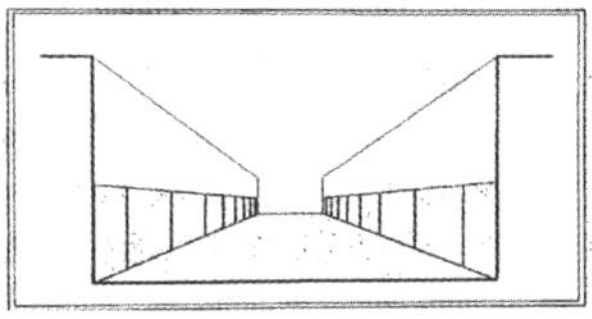	增加参照物,减弱对高度的敏感度	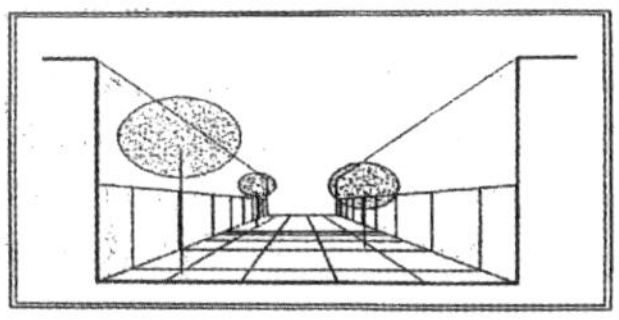
街道两侧建筑物立面平整,建筑空间无明显高低、虚实区分	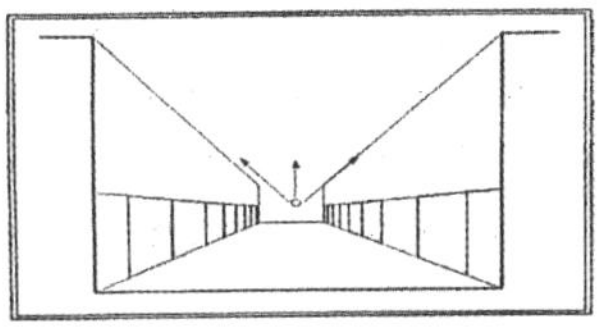	底部采用联拱柱廊或骑楼形式过渡灰空间,使得高度效果明显减弱	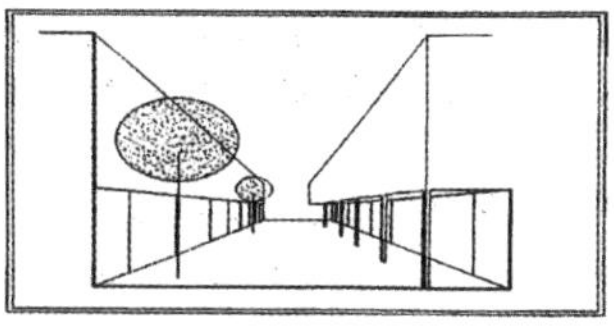

（资料来源：迪特尔·普林茨．城市景观设计方法 [M]．李维荣，解庆希，译．天津：天津大学出版社，1989：44）

图 8-3　街道的景观元素

图 8-4　街道的家具元素

是城市活力与生机的体现，反映了一个地方的风俗与文化传统。街道动态景观，主要是指各种交通工具在城市的街道上所形成的交通流。

8.2.2 街道界面设计模式

街道是我们生活环境中很重要的组成部分。在大部分城市中，街道的面积约占城市总用地面积的四分之一。这个比例随街道的布局方式与地形会略有变化，如旧城商业区街道密度就比较大，而一般住宅区中道路密度就比较小。

街道的空间设计主要体现在两个方面：

（1）垂直方向同建筑、墙体或树木的高度有关；

（2）水平方向受界定物的长度和间距的影响最大。

也会有些界定物出现在街道的尽端，既是竖向的又是水平的。建筑通常是构成界限的要素，有时候是墙体、树木或者两者的综合体，而地面总是发挥界定的作用。所以，街道的空间环境是由沿街建筑立面、道路路面、街道绿化以及卫生和服务设施等要素共同构成，形成街道的纵深效果（表8-2、表8-3）。街道的空间设计与高度的表达效果和表现形式密切相关（表8-4、表8-5），同时街道的宽度效果不同（表8-6），也会形成不同的街道空间感。

街道纵深效果表现形式　　　　　表8-2

表达效果	表现形式
强调纵深效果	1. 长条形、笔直空间； 2. 建筑表面平滑； 3. 建筑细部、材料和色调一致； 4. 街道远处无纵深边界； 5. 区分人行道和车行道，增加路缘石和排水沟； 6. 更宽的街道空间可纵向设置不同宽度的"道"空间序列； 7. 两边沿街空间造型互向街心凸起
缩短纵深效果	1. 弯曲、弧形空间； 2. 建筑形式连续凸出，将街道空间的深度划分成段落； 3. 建筑物表面增加凸出的阳台、外廊、露台； 4. 道路尽端有建筑物、构筑物或景观作为视觉焦点，产生缩短纵深的效果； 5. 动态变化的道路走向和上升式道路相结合，增加台阶，强调目的地； 6. 无高差变化的动态变化道路，周边建筑之间存在碎片空间； 7. 街道空间流线上被可停留区域分割，一步一景，视觉焦点相互交替，产生趣味感，产生缩短纵深的效果； 8. 街道空间在远处逐步变窄至边界目标，有视觉焦点，产生缩短纵深的效果； 9. 强调街角建筑，将街道空间的十字交叉口清楚地显现出来，街道空间纵深被划分成段落； 10. 交替的凹面墙体； 11. 十字交叉口的地面利用铺砖区分或强调方向和分流

街道的长度和纵深效果比较	表 8-3
A. 街道两侧的凸面墙给人以"无尽头"的空间感。 B. 交替的凹面空间产生有限的空间断面感	
C. 长条形、笔直的空间界面强调道路的纵深。 D. 同方向弯曲的空间界面,如弧形街道空间,有纵深缩短的效果	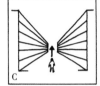
E. 笔直的线条将目光引向街道空间深处。 F. 通过取消直线及设置连续凸起的建筑形式,使街道空间的深度划分成多个段落,起到缩短视距的效果	
G. 表面平滑,使目光焦点投向空间深处。 H. 建筑凸出部分,如阳台、外廊和露台等形式的建筑表面,其雕塑感造型起到视觉上缩短纵深的效果	
I. 平滑的正立面墙体及其完全一致的建筑细部、材料和色彩强调了纵深效果。 J. 富于变换的建筑细部造型,相应的材料和色彩变换,将目光引向单个场地,赋予道路空间丰富的节奏变化	
K. 封闭的墙面产生紧张、冷漠感。 L. 大面积窗户可加强建筑内部空间和外部空间的交流,使建筑产生通透感	
M. 道路空间中出现垂直的分岔支路,且十字交叉路口的建筑轮廓规整、笔直,与主道上的建筑造型无异,此种道路分岔口对空间几乎没有影响。 N. 强调街角建筑造型,将十字交叉路口清楚地显现出来,空间纵深被划分成多个段落	

续表

说明	图示
O. 视线无其他构筑物遮挡，目光焦点投向空间深处。 P. 通过设置过街楼或横断面上设置建筑，打断道路空间的纵深效果	
Q. 看不见纵深边界的空间有"无限长"的效果。 R. 道路尽头有明显的纵深边界，视线投向界定目标，强调其意义。界定目标又反作用于道路空间，缩短道路纵深效果	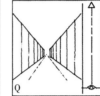
S. 台阶上升强调目的地的意义，缩短其纵深效果。 T. 街道空间逐步变窄至界定目标，视觉焦点锁定界定目标，缩短道路纵深效果	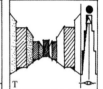
U. 十字交叉路口强调分流的方向，道路长度划分成段落，道路明显变短。 V. 在街道走向上设置可停留区域，移动和停留相互交替，视觉焦点转换	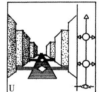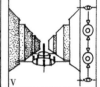
W. 动态变化的道路走向，看不见尽头，形成一系列碎片的空间和视觉片段，注意力被引向吸引目光的空间边界。 X. 动态变化和上升式道路走向相结合，更加强道路片段较短的感觉	

（资料来源：迪特尔·普林茨. 城市设计（上）——设计方案（原著第7版）[M]. 吴志强译制组，译. 北京：中国建筑工业出版社，2010：80）

街道的高度效果 表8-4

序号	表达效果	表现形式
1	封闭感强	$D/H<1$，多用于支路、巷道
2	道路空间存在围合感	$D/H=1\sim3$
3	道路空间不存在	$D/H>3$
4	线性空间感减弱，广场感受	路幅宽、长度短
5	线性空间感增强，步道印象增强	路幅窄、长度长

注：D—路宽度（m），H—沿街建筑的高度（m）。

街道的高度作用		表 8-5
A. 向后缩进的楼层一方面减少空间墙体的高度，另一方面扩大道路上空的开敞感。 B. 明显向前突出的屋顶限定了街道空间的高度	 A	 B
C. 沿街界面的细高建筑体形明显加强了道路高度。 D. 通过一、二层的裙房建筑形成比例的高度划分。道路空间中的细部设计（照明、树木等）可以与较低的裙房建筑高度相协调	 C	 D
E. 空间边界明显，高度感知敏感。 F. 小型装置设施——小杂货店、遮阳篷、树木等，可以产生分层及限定视觉高度的作用	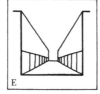 E	 F
G. 街道两侧建筑物立面平整，建筑空间无明显高低、虚实区分。 H. 在道路空间中通过拱门、柱廊和多样的骑楼建筑，明确限定高度	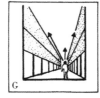 G	 H

（资料来源：迪特尔·普林茨. 城市设计（上）——设计方案（原著第 7 版）[M]. 吴志强译制组，译. 北京：中国建筑工业出版社，2010：80）

街道的宽度效果比较		表 8-6
A. 狭窄的道路给人束缚感。 B. 建筑上方逐层后退，底层的骑楼和拱廊扩大活动空间，使其形成空间宽敞的感觉	 A	 B
C. 纵向分隔——人行道、路缘石、排水沟、车行道的纵向定位强化了道路空间的延伸感。 D. 横向分隔——不分人行道和车行道，使空间显得宽敞	 C	 D

续表

E. 除建筑立面轮廓外，无其他视觉参照物，视线易集中在远处。 F. 林荫道和花坛限制了路人的视线，视觉感知宽阔的街道空间变窄	
G、H. 雨篷、柱廊或一连串的路灯分割街道空间的宽度效果。更宽的街道可以设置不同宽度的"多廊道"空间序列	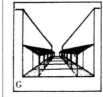

(资料来源：迪特尔·普林茨．城市设计（上）——设计方案（原著第7版）[M]．吴志强译制组，译．北京：中国建筑工业出版社，2010：80)

8.3 步行街设计概述

步行街是城市开放空间的一个特殊类型，它从属于城市的人行步道系统，是现代城市空间环境的重要组成部分。简·雅各布斯在《美国大城市的死与生》一书中指出："都市规划的精神，最重要的在于要了解都市本身的运作方式，以及人如何在内里生活。"在城市步行空间设计上，"以人为本"是应遵循的最重要、最基本的原则，应基于人在生理、心理、户外活动和社会交往等方面的基本需求来进行规划设计。步行是市民最普遍的行为活动方式，步行系统是组织城市空间的重要元素。

步行系统包括地面步行商业街、空中的和地下的步行街，其中最为典型的是地面步行商业街（图8-5）。组织好步行系统，能减少市中心人们对汽车的依赖，改善城市的人文和物理环境，使市民有安全感，促进零售商业的发展。步行街是支持城市商业活动和有机活力的重要构成，确立以人为核心的观念是现代步行街规划设计的基础（图8-6）。

8.3.1 步行街的功能

（1）社会效益功能

步行街提供了步行、休憩、社交聚会的场所，增进了人际交流和地域认同感，反映了现代人对生气勃勃的街道生活的向往，有利于培养居民维护、关心市容的自觉性。从社会交往和城市本原的角度来讲，城市步行空间为人们的交往提供了场所和机会。路易斯·康认为"城市始于作为交

流场所的公共开放空间和街道，人际交流才是城市的本原"。最低层次的交流方式通过人们的擦肩而过，互相打了个照面即可进行，观望驻足是进一步的交往方式，而亲切交谈则是较高层次的社会交往方式，通过合理设置停滞空间，而不是大片的"通过式"空间，即可增加人们相互接触的机会，促进人与人之间的交流。

（2）经济环境功能

城市中心区步行街是为了振兴旧区、恢复城市中心区活力、保护传统街区而采用的一种城市建设方法；社区、生活步行街一般处于居民小区内，或者位于几个居民小区的接合部，可能是具有商业功能（图8-7），也可能是纯粹为居民休闲、娱乐而设计的步行街。

（3）环境效益功能

步行街作为城市公共空间，在满足商业经济效益的同时，还应更加注重市中心环境的质量。应在步行街上营造比较亲切宜人的氛围，设立绿地、彩色的路面、街头雕塑、座椅等，这些举措将减少空气和视觉的污染，减少交通噪声，并使建筑环境更富于人情味，使人们在购物之余，仍愿意留在步行街中活动。

图8-5　深圳市华强北步行街（左）
（资料来源：颜勤拍摄）

图8-6　大理市古城步行街（右）
（资料来源：颜勤拍摄）

8.3.2　步行街的类型

（1）地面步行街

地面步行街（区）是最为典型的商业街类型，也是本书重点详述的部分。地面步行街一般可进行交通管制，不改变街道现状。采用控制进入步行街的车辆的方式，把车辆疏导到附近的道路上去，以扩大步行空间；保留公共交通的商业街，缩小车行道宽度，加大人行道宽度，为步行者提供休息设施，绿化和美化环境；完全禁止车辆交通的街道，则取消车行道，

图8-7　街道的商业经济功能

将整个路面作为人行道。步行商业街可以实行人车完全分离，只供步行者使用，禁止机动车辆通行。在步行街两侧的交通性道路或小路上留出商店送货口，一般设有路肩或其他细部，阻止车辆进入。案例有成都春熙路、上海南京东路、哈尔滨中央大街、重庆解放碑步行街、长沙黄兴路步行街以及深圳南海大道商业街（图8-8、图8-9）等。

图8-8　南海大道商业街分析与平面（左）

图8-9　南海大道商业街标志建筑物（右）

1）步行街的长度

步行商业街的适宜长度与人可接受的步行距离和步行时间密切相关，并受到人们的生活习惯、街道环境条件、环境的吸引力、街区设施和气候

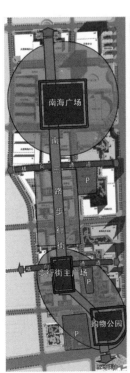

条件的影响。街道过长容易使人产生单调和疲劳感；过短则影响经济效益，不易形成商业规模经济。室外步行街长度合适的范围在 400~500m 之间，步行时间在 5min 左右；环境良好的步行街长度可达到 1500m，时间约为 20min。

从实际出发，更长的步行商业街也是存在的，通过学习街道的长度或纵深效果比较，采用缩短视觉的纵深效果，在较长的步行商业街某些地段出现有节奏的变化，增加趣味性，如采取弯曲、弧形空间；建筑立面连续凸出，将街道空间的深度划分成段落；在步行街中段设置休闲广场等方法，可以增大对行人的吸引力，促使他们步行更长的距离而不觉得疲惫。

2）步行街的宽度

影响步行商业街的因素有很多，其中最重要的是要考虑人流量的大小以及行人的环境感受，街道中的家具、绿化和公共服务设施也要占用面积，并应留出消防通道。如果是人车共存的街道空间，还要考虑车辆通过占用的宽度。另外一个需要考虑的因素是街道两侧建筑的高度，过窄会导致拥挤，过宽会使人们缺少围合感，过于空旷。综合多种因素，加上调查研究的结果，步行商业街的宽度宜控制在 9~24m 的范围内，这样的宽度能让行人步行其中不觉拥挤，同时不会觉得空旷。目前，国内诸多步行街的红线宽度超过 24m，当街道过宽时，应通过设置行道树、座椅和景观小品等方式，对步行街进行空间划分。

3）街道宽度与建筑物的高度比（D/H）

街道宽度（D）与周边建筑物高度（H）的比值，影响着行人对空间的感知。理论上，当街道宽高比 $D/H<1$ 时，行人感受到强烈的封闭感；当街道宽高比 $D/H=1.5~2$ 时，行人感受到亲切感；当街道宽高比 $D/H>2$ 时，行人对空间的评价是空旷和萧条感。最佳比值约为 1.5~2。

日本学者芦原义信指出，以 20~25m 作为模数来设计外部空间，反映了人的"面对面"的尺度范围。就人与垂直界面而言，主要由视觉因素决定（表 8-7）。

综合我国部分城市商业街宽高比与芦原义信的理论研究，根据实际情况确定不同街道场景的比例关系（图 8-10），街道宽度与建筑物的高度比 D/H 可参考以下标准：

①传统商业街的宽高比 D/H 在 0.7~1.5 之间，宽 1~8m 为宜；

②干道商业街的宽高比 D/H 在 1.5~3.3 之间，宽 20~40m 为宜；

③建议一般新建步行商业街宽高比 D/H 在 1~2.5 之间，宽 10~20m 为宜；

观察对象的三种距离关系		表 8-7
人与垂直界面之间的距离	图示	空间效果和心理反应
$D:H=1$	45°	可看清实体细节；有一种内聚、安定感
$D:H=2$	27°	可看清实体整体；内聚向心而不致产生闲散感
$D:H=3$	18° H D	可看清实体与背景的关系；空间离散，围合感差

注：用 H 代表观察对象的高度，用 D 代表人与观察对象的距离。
（资料来源：田云庆. 室外环境设计基础 [M]. 上海：上海人民美术出版社，2007）

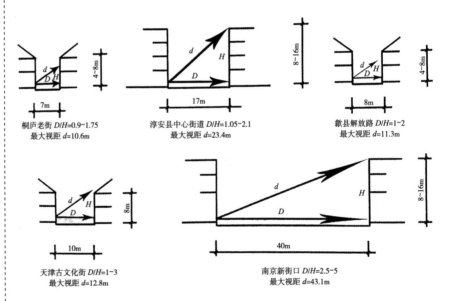

图 8-10 部分城市商业街道宽高比

（资料来源：城市规划资料集第 6 分册 城市公共活动中心 [M]. 北京：中国建筑工业出版社，2003：132）

桐庐老街 D/H=0.9~1.75 最大视距 d=10.6m

淳安县中心街道 D/H=1.05~2.1 最大视距 d=23.4m

歙县解放路 D/H=1~2 最大视距 d=11.3m

天津古文化街 D/H=1~3 最大视距 d=12.8m

南京新街口 D/H=2.5~5 最大视距 d=43.1m

④邻街商业建筑高度为 2~4 层，高层后退为宜。

（2）地下步行街

地下步行空间最基本的功能是交通干道的地下通道、人防设施，随着地下交通设施如地铁、地下停车场的快速发展，增加地下商业街、商业综合体地下部分。地下步行空间从横向发展开始注重垂直发展，逐渐演变成交通、商业、娱乐及其他功能互存的功能复杂、形态多变的综合性的地下空间，其有几种不同的平面布局形态（表 8-8）。

城市地下街平面形态及特征　　　　　　　　表 8-8

类型	案例	平面形态	特征
线形	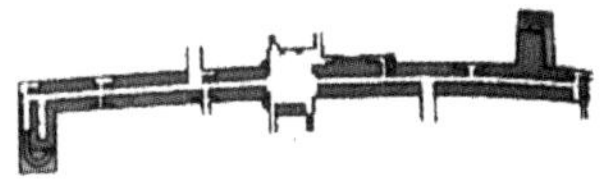 西堀 ROSE 地下街（新潟）  天神地下街（福冈） 局部有较宽的主要街道	 交通方向单一	方向感明确，但是单一的线形平面，有较大的安全隐患
矩形	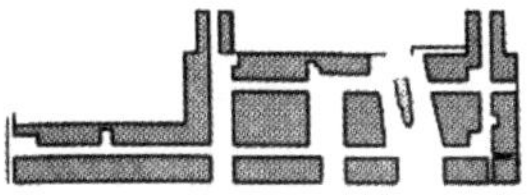 京都 POLTA 购物中心  横滨 POLTA 购物中心 主次街道，较多通路的网格系统	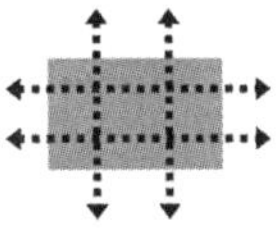 网格状的步行系统	网格状的街道系统能够有效避开危险点进行避难疏散
复合型	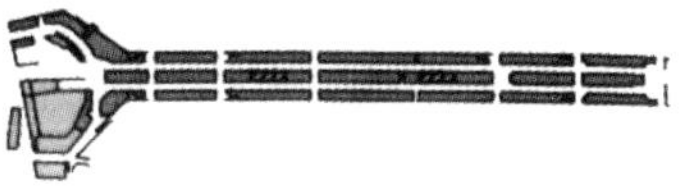 购物中心 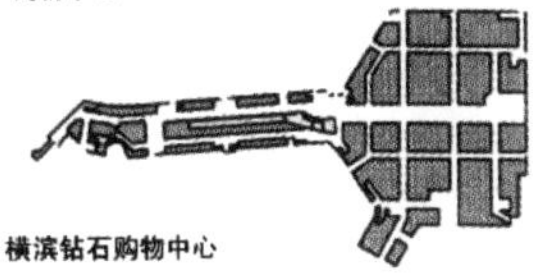 横滨钻石购物中心 线形与矩形的综合	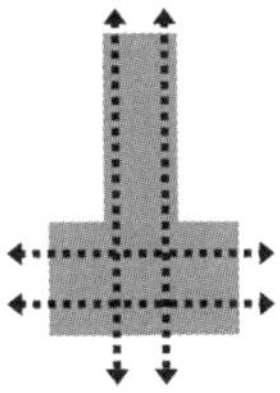 网格状与单一方向的综合	具有线形、矩形共同的特性，线形街道的安全需要加强注意
放射形	海鲜城　桑拿中心　游泳馆　观音桥步行街 车库　DISCO　夜总会 嘉年华大厦 车库　超市　入口 环状串起各个单一方向街道	环状回廊式与单一方向结合	放射状地下街缺乏方向感，但环状能加强街道的联系性

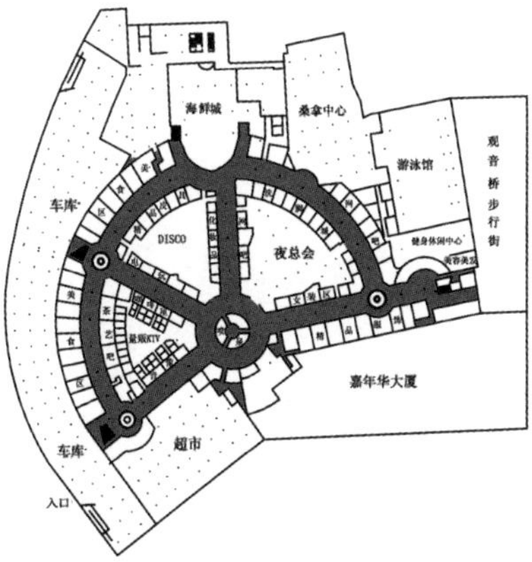

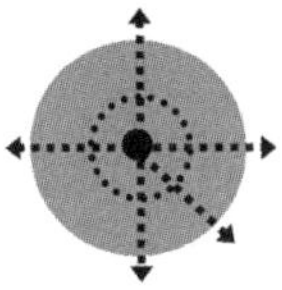

（资料来源：颜勤整理资料绘制）

1）线形的街道

线形空间形态的地下街特点是商业店面呈"一"字线形排开，人行流线简单明了，走向明确，具有连续性。通常沿线形两侧设置地下街出口，线形空间的街道宽度，按规模大小有主道和次道之分，有利于地下街的空间导向。然而，有些地下街的形态不完全为"一"字形，会因为地形因素或者地面街道的走向形成拐角的线形。

2）矩形的街道

矩形街道一般位于车站前的广场下或者中心区的地下空间，矩形地下街也可视为线形街道的衍生与变形，将线形街道的长边缩短，短边增长，形成方格网式的布局模式，相对于线形街道具有规模较大、有更多商店与通道的特点。矩形的主次街道区分、开敞空间的设置对于出口的辨识具有更重要的作用。

3）复合型的街道

复合型地下街为线形与矩形的复合，其规模较大，内部的功能空间配置与交通流线都较为复杂（图8-11）。具有线形地下街与矩形地下街共同的特性与特点，需要开敞空间与主次通道的合理组织，对人们的行为活动与出口的寻找进行疏导与引导。

4）放射形的街道

放射形地下街由一个中央点向某几个方向延伸出几条街道，延伸的街道具有线形街道的空间特点，出口通常位于线形延伸的端头。中央点作为放射街道之间的转换点，各条放射街道之间仍有一条联系的街道。放射形街道的空间布局较为复杂，地下街道的可识别性也不高。核心空间的中庭设置也有利于增加地下街的方向感，有利于对人流进行疏散。

地下步行街的设计要点主要包括：改善出入口，设置下沉入口广场作为过渡。优化内部空间布局，在局部节点设置具有特色的公共区域。降低

图 8-11　福州南街地下街与城市效果图

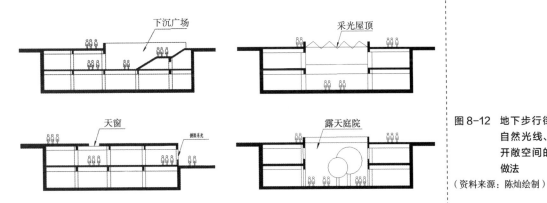

图 8-12　地下步行街引入自然光线、增加开敞空间的几种做法

（资料来源：陈灿绘制）

室内封闭感，引入自然光线，尽可能增加开敞空间。地下步行街引入自然光线，增加开敞空间有几种常见的做法，如图 8-12 所示。

　　（3）空中步行街

　　城市空间在地面层被各层级的街道划分成大小不一的区间，特别是在山地城市地形高度变化较大的情况下，空中步行街可以将分散的建筑空间有机地联系在一起。如表 8-9 所示，空中步行街按照城市功能可分为三种形式，表 8-10 中简述了空中步行街的设计要点。

空中步行街分类　　　　　　　　　　　　　　　表 8-9

类型	城市功能	表现形式
跨越型	人车分离，给行人提供安全跨越车道、铁路、河流、山地的通道	
联系型	在空中将沿途建筑、公共空间及交通设施有机联系起来，拓展行人的活动范围	
集散型	结合城市交通枢纽、体育场馆、大型会展及娱乐场所而建的空中步行通道和平台，具有组织、疏散人流的作用	

空中步行街的设计要点 表 8-10

空中步行街的组合方式	特点	表现形式
串联式	空中步行街串接通过若干建筑空间，不设立严格的空间分割。建筑单体对空中步行街开放，且各单体功能有一定关联。行人必须经过沿途的若干建筑空间	
并联式	空中步行街分别与若干建筑空间相连。建筑单体各自保有独立性。行人沿途通过时对各建筑单元有选择权	
穿插式	空中步行街与建筑或公共空间在立体空间中交叉，使不同功能的空间有效连接	
放射式	多位于大型公共建筑出口与周边街道相连接的过渡区域，主要起集散作用	

8.4　步行街的形态模式

8.4.1　贯通式

贯通式步行街多是传统的线性步行商业街。街区大多数商铺位于主路径上，主路径集中主要商业空间，贯通式步行街不宜过长，而且应在线形空间上，通过节点放大和路线曲折变化等方式，增加空间的魅力。内部步行流线多为线形（图 8-13），一条主要的路径贯穿街道，根据线形不同，大体可分为直线形、折线形、曲线形和复合线形等。

优点有整体空间格局清楚、秩序清晰，对消费者有较好的方向引导；主动线可达性好，聚客能力强，沿主线商铺效益高；次动线增加街区的游逛性；主次动线相交点形成广场空间，丰富街区空间层次（图 8-14）。传统街区的商业化改造及小尺度的新旧融合商业街街区，与周边环境有较好的交叉渗透，如上海新天地、南京 1912 等。

❶停车场　　❾艺术之山
❷入口广场　❿精品文创馆
❸保留咖肆　⓫文创广场
❹文主题建筑　⓬文创阁
❺文创主馆　⓭文创商业街
❻改造文创酒店　⓮精品商业
❼新建文创酒店　⓯文创与写楼
❽文创主题街　⓰望江广场

图 8-13　贯通式步行街平面图
（资料来源：颜勤绘制）

图 8-14　贯通式步行街效果图
（资料来源：颜勤绘制）

8.4.2　庭院式

以院落为建筑空间组织要素构成步行街（区），形成一种传统情景消费体验的商业街区。根据街道上方是否被覆盖，庭院式还可分为室内式和开敞式，但都是被人工建筑环境界定而形成的庭院空间。内部步行流线多为环路型，环路型的动线路径为一单项环线或是"回"字形、"八"字形等。优点有建筑空间格局丰富且可以扩展，主题体验性好；与贯通式相比，庭院围合感更强；环形动线秩序清晰，路径连续，可形成不间断的商业气氛，如成都宽窄巷子、成都太古里（图 8-15~图 8-20）等。

二维码 8-5　扫码高清看图

图 8-15　成都太古里商业
　　　　　街平面（左）
（资料来源：中国建筑西南设
计研究院有限公司）

图 8-16　成都太古里商业
　　　　　街庭院（右）
（资料来源：颜勤拍摄）

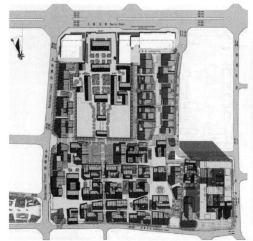

图 8-17　成都太古里商业
　　　　　街鸟瞰效果图
　　　　　（左）
（资料来源：中国建筑西南设
计研究院有限公司）

图 8-18　成都太古里商业
　　　　　街中庭（右）
（资料来源：颜勤拍摄）

图 8-19　成都太古里商业
　　　　　街效果图（左）
（资料来源：中国建筑西南设
计研究院有限公司）

图 8-20　成都太古里商业
　　　　　街景观（右）
（资料来源：颜勤拍摄）

8.4.3　复合形式

　　复合形式是将贯通式和庭院式相融合的空间形式，在表 8-11 中清晰可见三种不同布局和流线形式的区别。街区中沿街或者核心处设置核心商铺的大尺度建筑，其余保持小尺度建筑肌理。在当代，步行商业街常与城市综合体、商场和商厦相结合，组成步行街区，如万达广场和北京王府井都已不是传统社会单纯的街道空间，已成为多种空间形式复合而成的步行街区。

　　复合形式的步行街内部步行流线多为网格型。由多个互相垂直相交的动线构成，主要动线交叉处的空间一般设置为聚客广场，其他支干步行道将街区划分为多个单元，建筑尺度类似传统街坊。复合形式的步行街优点有：空间格局丰富，能满足现代商业业态多层次的需求，商业效益显著；网格型动线渗透性好，街区内商铺效益均衡，商业效率高，适合大尺度的商业街区；除主要步行道外，其他支干与城市环境交接机会多，增加街区的开放性与可达性，如上海田子坊、北京三里屯（图 8-21~ 图 8-25）等。

二维码 8-6　扫码高清看图

图 8-21　北京三里屯项目现状鸟瞰图（左）

（资料来源：https：//zhuanlan.zhihu.com/p/46874919?from_voters_page=true）

图 8-22　北京三里屯项目现状总图（右）

（资料来源：https：//zhuanlan.zhihu.com/p/46874919?from_voters_page=true）

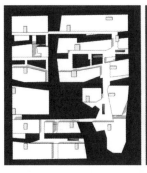
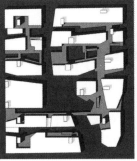
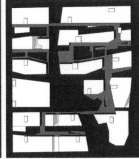

图 8-23　北京三里屯步行街平面布局

图 8-24　北京三里屯步行街中庭广场（下左）

图 8-25　北京三里屯步行街建筑空间（下右）

步行街布局和流线形式		表 8-11
贯通式	庭院式	复合形式
上海新天地	成都宽窄巷子	上海田子坊
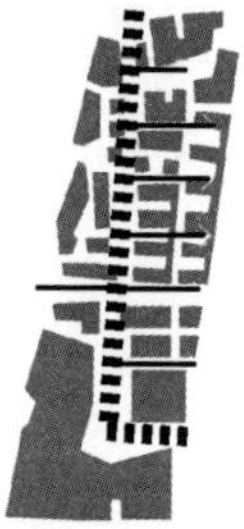		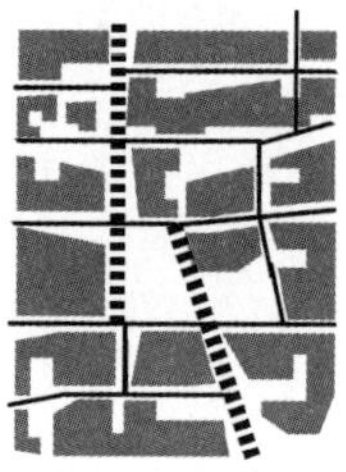
南京 1912	成都太古里	北京三里屯
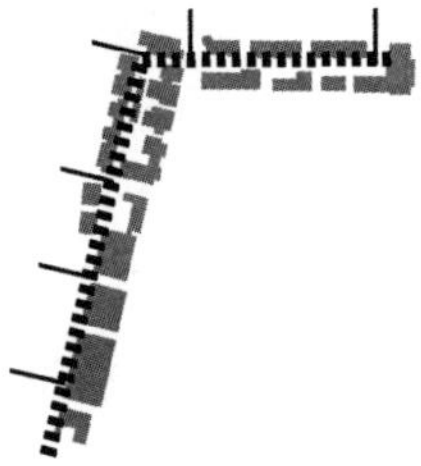	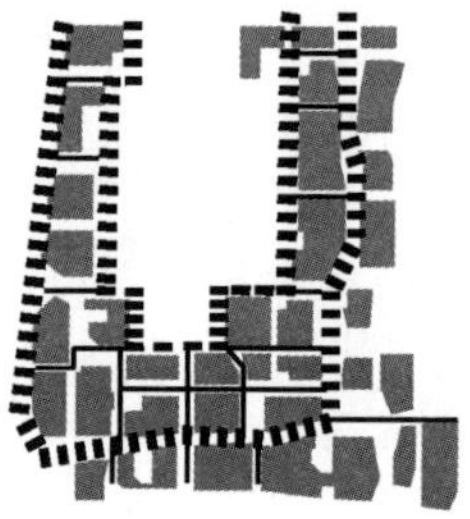	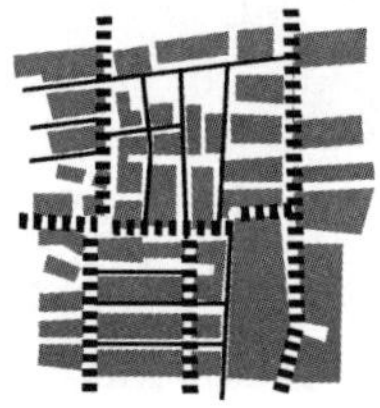

（资料来源：陈灿绘制）

作业 12 步行街道空间调研

1. 作业要求

（1）成果形式：小组完成调研 PPT。

（2）调研范围：选取所在城市步行街区或建筑综合体。

（3）成果内容：结合卫星图片和现场调研，分析步行街（区）或建筑综合体的类型，分析其优缺点、基地周边交通环境、商业空间布局特点和流线形式。

①总平面图：结合卫星图片和现场调研，手绘街道总平面彩图（1：500 或 1：1000）；

②绘制街道纵深透视图，试比较街道的长度和纵深效果，采用图片和文字表达；

③分析街道宽度与沿街建筑高度的比值及表达效果，采用图片和文字表达。

2. 评分标准（表 8-12）

3. 测绘总平面图参考（图 8-26）

序号	分数控制体系	分项分值
1	PPT 用色美观	10
2	文字表达简练、合理	10
3	测绘图面比例适当	10
4	测绘图面清晰、线条流畅	10
5	明确表达街道总平面图中周边建筑布局	50
6	标明指北针、图名和比例	10
	总分	100

步行街道空间调研测绘（总分 100 分）　　表 8-12

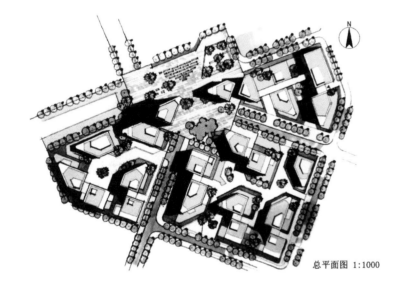

总平面图 1:1000

二维码 8-7　作业参考答案

图 8-26　某步行街平面图

模块 9　城市中心区设计

模块简介

本模块主要就城市中心区的相关知识作概要介绍，内容包括城市中心区含义、城市中心区的设计开发原则。城市中心区布局形态模式，如轴线式、节点放射式、组团串联式和混合式。中心区路网结构方式主要包括方格网式、放射式、自由式和混合式。建筑布局模式主要介绍了建筑组合、城市中心区的建筑体量、建筑高度及风格几方面。

学习目标

通过本模块学习，应达到以下目标：

1. 明确城市中心区含义，能够描述出城市中心区的设计开发原则。
2. 熟悉城市中心区的布局形态模式，能绘制不同形式的布局模式。
3. 掌握几种常见的路网结构模式，能根据实际地形条件绘制适宜的路网结构模式。
4. 掌握建筑布局模式，能绘制实际项目的建筑体量与布局模式。

素质目标

从城市中心区设计的角度了解城市，培养学生特定空间类型设计的基本方法。通过建筑与规划相结合的方式认知城市，增强学生的空间设计实践能力，培养学生的设计创新性意识及精益求精的大国工匠精神。在城市设计中培养学生的家国情怀，在设计中融入社会主义核心价值观，培养整体性、系统性的科学观。

学时建议：4 学时，3 学时讲授和 1 学时课中讨论。

作业 13　城市中心区模型制作

作业形式：SU 模型导出图片或制作手工模型。手工模型比例自选。

| 二维码 9-1　课件 | 二维码 9-2　视频 |

9.1 概述

城市中心区是一个综合的概念，是城市中容纳了城市第三产业各种项目（如商务、零售、办公、服务和综合交通等）的公共开放空间，通常位于城市或某一片区中心位置，且多数是城市中较早形成的核心区域。城市中心区从单中心到双中心再到多中心，城市的规模在不断变化。它集中体现了一个城市的经济社会发展水平和城市发展形态，并对城市经济发展和管理有较大的带头作用。城市中心区对城市有重要的意义：

（1）城市中心区是城市的大脑，是开展政治、经济、文化等公共活动的中心。

（2）城市中心区是思维的汇聚点，是居民公共活动最频繁、社会生活最集中的场所，也是城市多重功能复合的载体。

（3）城市中心区是城市形象展示的窗口、城市特色体现的集合。

二维码 9-3　中心区历史发展

9.1.1　城市中心区含义

从社会活动角度出发，《中国大百科全书》（建筑、园林、城市规划卷）指出"城市中心一般指城市中供市民集中进行公共活动的地方，可以是一个广场、一条街道或者是一片地区，又称作城市中心区，城市中心往往集中体现城市的特性和风格面貌。城市中心的分级是按照它所服务的范围来划分的。一般有：①为全市服务的市中心；②为城市各分区服务的区中心；③为居住区或者是居住小区服务的居住区中心或者是小区中心。一般说'城市中心'是指为全市服务的市级中心。一些现代化的大城市或者特大城市，为了缓解城市中心功能过多和负担过重的状况，大多数采用多中心的布局结构形式。即将大城市的集中式布局结构分成几个相对独立、面积较大，各自设有'中心'的分区。这类分区中心基本上具有市级中心的内容和特征，常称之为城市的副中心"。

从物质空间形态角度出发，《建筑大辞典》指出："城市中心是城市公共建筑及设施较为集中的地段，是城市居民的社交活动的中心，也是城市面貌的缩影。它是由城市的主要公共建筑和构筑物按其功能要求并结合道路、广场以及绿化等用地有机组成的综合体。在大中城市中，除了全市性的综合中心外，还有分区中心、区中心以及专业化中心，小城镇则通常只有一个公共活动中心"。

9.1.2　城市中心区开发原则

美国学者波米耶（Paumier）在《成功的市中心设计》（*Designing the*

Successful Downtown，1988）一书中，曾论及城市中心区开发的七条原则，其内容基本包括了中心区城市设计的要点，现将其引述如下。

（1）促进土地使用种类的多样化

城市中心区土地使用布置应尽可能做到多样化，有各种互为补充的功能，这是古往今来的城市中心存在的基本条件。城市中心规划设计可以整合办公、商店零售业、酒店、住宅、文化娱乐设施及一些特别的节庆或商业促销活动等多种功能，发挥城市中心区的多元性市场综合效益（图9-1）。

二维码9-4　扫码高清看图

图9-1　城市中心区多元功能复合聚集

（资料来源：杭州大江东新城核心区城市设计）

（2）强调空间安排的紧密性

现代城市中心空间安排的紧密性需要在规划布局上考虑，将具有相近功能的设施集中在一起是有利的，这不仅对这些设施本身的日常运营有利，而且也能更好地为人们服务。紧凑密实的空间形态有助于人们活动的连续性。相反，空间过于开阔也会导致各种活动稀疏和零散。在城市设计手法上最常推荐采用建筑综合体的布置办法——"连"和"填",即填补城市形体架构中原有的空缺,沿街建筑的不连续,哪怕是小段,都会打断人流活动的连续性,并降低不同用途之间的互补性。

（3）提高土地开发强度

提高土地开发的强度无论是从经济的角度,还是对市中心在城市社区中所起的作用来说都是值得的。城市中心区通常具有较高密度和商业性较强的开发,只是需注意不要对城市个性和市场潜能造成过大的压力,对交通和停车要求也应有周详的考虑。高强度的开发未必就是建高层建筑,城市土地的综合利用也是保证土地开发强度的一种有效方式。在规划设计这些空间关系和品质时,应特别关注沿街建筑在水平方向的连续性和建筑对空间的围合作用。如全国首个城市中心高铁 TOD 城市综合体——重庆沙坪坝高铁站与金沙天街（图 9-2、图 9-3）,就是城市中心区土地高强度开发的典型案例。

（4）均衡的土地使用方式

城市中心区各种活动应避免过分集中于某一特定的土地使用上。不同种类的土地利用应相对均衡地分布在城市中心区内,并考虑用不同的活动内容来满足。白天与晚上,平时与周末的不同空间需求,如果只安排商务办公用途,那到了夜晚和周末,就会使中心区萧条冷清,无人问津。

（5）提供便利的出入交通

车辆和行人对于街道的使用应保持一个恰当的平衡关系。对于大多数中心区来说,应鼓励步行系统和街面的活动,如鼓励人们使用公交运输方式,并在步行区外围的适当位置设计安排交通工具换乘空间节点等,有条件的场合应尽量采用多层停车场,并在停车场的底层布置商店及娱乐设施等,一些大城市则在中心区设置大规模的地下停车场。

二维码 9-5　扫码高清看图

图 9-2　重庆沙坪坝高铁站
　　　　TOD 实景（左）
（资料来源：https://www.sohu.
com/na/441420516_120882732）

图 9-3　沙坪坝高铁站与金
　　　　沙天街剖面示意
　　　　（右）

（6）空间连续性

创造方便有效的联系即在空间环境安排上考虑供人使用的连续空间，使人们采取步行方式能够便捷地穿梭活动于城市中心区各主要场所之间。如美国明尼阿波利斯、中国香港等城市中心区的人行步道系统，这些联系空间应将市中心区的主要活动场所联系起来，在整体上形成一个由街道开放空间和街道之间的建筑物构成的完整的步行体系。

（7）建立一个正面的意象

建立一个正面的意象即应让城市中心区具有令人向往、舒心愉悦的积极意义，如精心规划布置中心区的标志性建筑物，设置广场、街道方便设施、建筑小品和环境艺术雕塑等，这样就有利于为中心区建立一个安全、稳定、品位高雅的环境形象（图9-4）。

二维码 9-6　扫码高清看图

图9-4　城市中心区标志性
　　　　建筑群
（资料来源：深圳市城市规划设计研究院股份有限公司.温州瓯江口新区灵霓半岛规划设计方案）

总之，城市中心区应是城市复合功能、地域风貌、艺术特色等集中表现的场所，具有特定的历史文化内涵，同时，它又常常是市民"家园感"和心理认同的归宿所在，应让人感受到城市生活的气息，也是驾驭城市形体结构和肌理组织的决定性空间要素之一。

9.2　布局形态模式

城市中心区是城市的核心地区，它的总体布局结构应纳入城市总体空间结构中来考虑，与城市总体空间相契合，体现和谐性。这种整体考虑包括与城市中轴线的呼应、与城市山水廊道的衔接、与城市重要节点的联系等。其次，在考虑与城市总体空间和谐的同时，城市中心区应从自身特点出发，体现特色性。这种特色体现包括用地内的地形地貌特征之类的物理性特征和历史文化特征之类的精神性特征等。总的来说，常

二维码 9-7　法国巴黎
德方斯区副中心规划设计

二维码 9-8　东京新宿
中央商务区

二维码 9-9 扫码高清看图

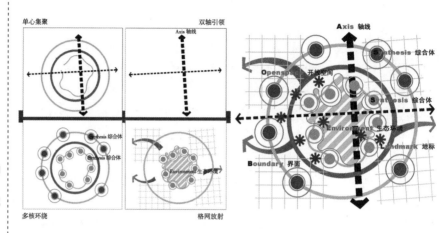

图 9-5 城市设计总体结构演化

（资料来源：杭州大江东新城核心区城市设计）

见的城市中心区设计总体结构布局有轴线式、节点放射式、组团串联式和混合式（图 9-5）。

9.2.1 轴线式

二维码 9-10 城市空间轴线

轴线式空间规划方法是城市设计中较常见的一种空间结构处理手法，能够清晰地在方案中呈现明确的功能分区和连贯的景观序列。这种布局结构可以从轴线的选取、轴线的强化和轴线的组织形式三方面介绍"轴线式"空间结构方案的设计技巧。

（1）轴线的选取——"节点选取法"

根据"两点成线"的原理，建立轴线的关键在于"点"的选取，用来建立轴线的点可归纳为以下三种：角点、中点、重点。

角点：地块的转角，可以作为人行出入口布置入口广场。

中点：地块长边的中点，适合设置人行、车行入口，或预留开敞空间廊道。

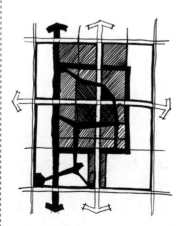

图 9-6 城市中心区轴线设计

（资料来源：济宁市东部文化产业园概念规划设计方案文本）

重点：场地条件中空间或实体要素，如需要保留的建筑、水体、地形、交通站场等所在的位置。

以这三种"点"作为基点构建轴线，既能满足使用功能，又有助于结构上的协调美观（图 9-6）。

（2）轴线的强化

通过连续的建筑界面强化轴线。在建筑平面布局时，沿轴线布置风格一致的建筑或组团，形成连续的建筑界面，突出轴线。

（3）轴线的组织形式

"轴线对称式"空间布局形式最常用于单一用地性质的小地块，采用"一心两轴"的对称式布局，主轴为实，次轴为虚，功能组团依附主轴对称布局，主轴线做到有头有尾有中心的"三段式"组合形式（图9-7）。

"轴线转折式"空间布局形式是在"轴线对称式"的基础上，对轴线空间的趣味性和丰富性进行了深入探讨，以防止在场地中由于单一方向轴线延伸过长，造成画面单调、景观层次单一的问题（图9-8）。

9.2.2　节点放射式

方案没有明显的轴线，或轴线在空间结构中占据的分量很轻，而是以一个广场或景观节点为空间核心，通过放射状的开敞空间廊道与各组团内部的节点相连，形成"节点放射式"的空间结构（图9-9）。

9.2.3　组团串联式

基于功能分区的方法，建立相对独立的功能组团，通过河流、绿化、步行系统、车行道等开敞空间廊道将各个功能区串联在一起。这种空间布局结构适用于被山体、水体或其他自然要素严重分割的用地，或需要特别强调功能独立性的用地。这种形式的重点在于如何利用道路、水、绿化等要素将全局进行有机串联。串联时要把全局中心、重要节点、重要界面等组织成一个空间相对独立，但内部存在紧密联系的整体（图9-10）。

9.2.4　混合式

结合轴线式、节点放射式、组团串联式中两种及两种以上的结构形式。这类布局结构一般具有一定特征的轴线，但功能之间相对比较独立，单一的轴线无法串联起各项功能，因此，需要通过其他非轴线的要素来组织整体空间结构，比如环形道路、方格道路等。

二维码 9-11　城市轴线案例

图9-7　轴线对称式空间结构（左）

（资料来源：彭建东、刘凌波、张光辉．城市设计思维与表达[M]．北京：中国建筑工业出版社，2016）

图9-8　轴线转折式空间结构（中左）

（资料来源：彭建东、刘凌波、张光辉．城市设计思维与表达[M]．北京：中国建筑工业出版社，2016）

图9-9　节点放射式空间结构（中右）

（资料来源：彭建东、刘凌波、张光辉．城市设计思维与表达[M]．北京：中国建筑工业出版社，2016）

图9-10　组团串联式空间结构（右）

（资料来源：彭建东、刘凌波、张光辉．城市设计思维与表达[M]．北京：中国建筑工业出版社，2016）

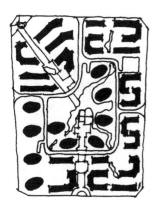

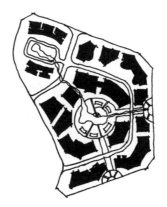
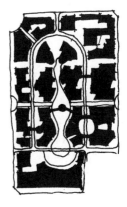

9.3 路网结构模式

路网结构是城市中心区空间形态和特色的直接反映，由道路平面组织形式、道路立体组织形式等因素构成。不同的路网结构能体现不同的城市空间秩序和特色。影响路网结构的原因有很多，包括地形特征、用地形状、历史传统、文化价值等。总结起来，常见的城市中心区路网结构模式有以下几种。

9.3.1 方格网式

方格网式道路结构由垂直交叉的道路围合而成，形成各种方形用地。这种道路结构给人的印象是沉稳、大气、庄重。方格网式的路网结构形成的用地比较规整，可以比较灵活地布置建筑，在中外一些具有深厚历史的文化城区中比较常见，如北京市中心区、苏州市老城区、长沙市芙蓉区、巴塞罗那旧城区等城市中心区都采用这种方格网式。在一些地形比较平坦、规整，无大的山、水地貌影响的用地中，也可以采用这种方格网式的肌理。这种路网结构在布置道路的时候，应尽量避免所有的围合街区大小一致，要根据用地特征和用地功能进行适当调整，形成有变化的空间（图9-11、图9-12）。

9.3.2 中心放射式

中心放射式路网结构由中心往外不断辐射扩散，形成圈层式与放射式的道路交叉。这类路网结构具有很强的中心感和比较大的视觉冲击力。中心放射式的路网结构通常是围绕一个城市的地标建筑、广场、水域等具有标志性作用的中心要素进行扩散，因此这种类型的路网结构在城市中心区设计中经常采用。如武汉市洪山广场地区、大连市中山广场地区、巴黎凯旋门地区等都采用了这种形式。当城市中心区需要一个比较强的中心建筑物、广场及文物古建时，可以以此为中心，采用这种形式的路网结构。

图9-11 城市中心俯瞰 （左）
（资料来源：深圳市中心高交会馆片区城市设计）

图9-12 方格网式道路鸟瞰（右）
（资料来源：深圳市中心高交会馆片区城市设计）

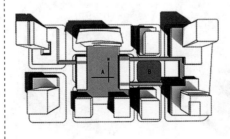

9.3.3　自由线形式

自由线形式路网结构分为自由曲线形和自由折线形两种。这类路网结构比较自由灵活，给人自然、动态的感觉，但由于其变化较多，因此布局不当会导致凌乱、无序的效果。自由曲线式路网结构通常是围绕水体、山体绿廊、重要建筑物等要素形成曲线式景观界面。如北京奥林匹克公园、上海世博园等都采用了这种形式。当城市中心区中有曲线形水系边界、山体边界、绿廊边界时，可沿这些自然边界形成自由线形式路网结构（图 9-13）。

9.3.4　混合式

混合式线形路网结构通常存在两个及两个以上类型的路网结构，这也是城市中心区设计中最常见的一种路网结构（图 9-14）。由于城市中心区通常用地范围较大、地形复杂、要素繁多，因此会根据不同的影响因素来布置合理的路网结构形式，故可能存在几种不同的路网结构的综合。如郑州郑东新区城市设计、长春市南部都市经济开发区核心区城市设计都是典型的混合式路网结构。

当用地范围内存在上述四种特征的用地时，可参照应用相对应的路网结构。但需要注意的是，几种路网混合的同时也要形成统一的整体，在不同模式的路网结构衔接处，要注意路网线形的自然过渡，不要产生大的突兀感。

9.4　建筑布局模式

9.4.1　建筑组合

城市中心区的建筑功能复杂多样，是城市公共活动的空间载体。中心区的行政管理、商业服务、商务商贸、文化娱乐等功能的多元化体现，直

二维码 9-12　扫码高清看图

图 9-13　自由线形式路网
　　　　　结构（左）
（资料来源：深圳市城市规划设计研究院股份有限公司．重庆市唐家沱重点地段城市设计）

图 9-14　重庆市渝中半岛
　　　　　混合式路网结构
　　　　　（右）
（资料来源：重庆渝中半岛城市形象设计）

接反映在建筑的多样性上。因此，城市中心区的各类建筑之间的组合形式是设计中十分重要的内容。城市中心区比较常见的集中建筑组合形式主要有四种：围合式、排列式、点状式、混合式。

9.4.2 城市中心区建筑体量

城市中心区由于不同功能的各类建筑有不同的建筑尺度要求，因此在建筑体量上变化十分丰富。建筑体量的搭配要与城市整体空间环境协调，形成和谐的总体空间和城市景观序列。设计时的原则是，中心突出、疏密有致、结构清晰、空间丰富。建筑选型根据不同的设计项目有不同的要求：用地范围较大时，建筑的选型从简而行，追求整体的统一性和连续性，不必作太多的建筑凹凸和细部处理；用地范围较小时，建筑选型的要求更高，需要通过对建筑造型的细部处理，来丰富空间。此外，还应根据用地轮廓，采用平行、垂直等几何式进行布置，增强设计构图感。

一般来说，城市综合体、艺术馆、博物馆、展览馆、体育馆等这类公共建筑体量大，建筑面宽约30~200m不等，建筑高度约12~30m，建筑选型灵活、丰富，一般都采用具有较强几何感的平面形态，如方形、圆形、椭圆形、扇形、多边形等，具体选型可根据用地情况自由变换。随着现代数字技术的发展，许多这类公共建筑的造型更趋丰富，仿生造型、多种几何形结合等逐渐被接受和应用，这类建筑常可以作为城市中心区设计中全局的公共中心。

商业步行街是一种特殊的商业建筑组合形式，在城市中心区设计中经常出现步行街两侧的店面为小体量组合建筑，单个店面的进深在10~15m左右，开间为5~8m，层数以2~3层居多，少数节点标志性建筑可做到4~5层（图9-15）。步行街设计的重点在于通过店面围合出收放有序的步行空间，每隔200m应设置一个供行人休息的放大节点空间，且步行街的长度控制在600~800m较为合适（图9-16）。

非高层的办公建筑和居住建筑，造型相对简单，一般以方形和多边形为主。建筑尺度较小，建筑宽度在6~24m之间，建筑高度在3~24m之间。这类建筑虽然单体造型简单，但由于其数量较多，因此在群体布置时，注意避免过于呆板的建筑组合类型，创造出丰富的空间感，如济宁市东部文化产业园概念规划设计中文化创意研发产业园的建筑体量（图9-17~图9-19）。

二维码 9-13　扫码高清看图

图 9-15　文化创意街区建
　　　　　筑体量（左）
（资料来源：济宁市东部文化
产业园概念规划设计）

图 9-16　核心区建筑体量
　　　　　（右）
（资料来源：济宁市东部文化
产业园概念规划设计）

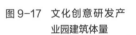

图 9-17　文化创意研发产
　　　　　业园建筑体量
（资料来源：济宁市东部文化
产业园概念规划设计）

图 9-18　文化创意研发产
　　　　　业园建筑模型鸟
　　　　　瞰（左）
（资料来源：济宁市东部文化
产业园概念规划设计）

图 9-19　文化创意研发产
　　　　　业园建筑模型透
　　　　　视（右）
（资料来源：济宁市东部文化
产业园概念规划设计）

图 9-20 城市核心区建筑
高度层次变化
（资料来源：济宁市东部文化
产业园概念规划设计）

9.4.3 建筑高度

城市中心区多种功能用地的复合，使得不同用地开发强度各有不同，反映在建筑高度上变化十分丰富。一般来说，商业、公共管理及服务等性质的用地，其建筑高度一般较高，能成为全局的制高点，周边一些低开发强度的用地，建筑高度相对较低，从而形成高低错落的空间（图 9-20）。建筑高度的布局，主要考虑气候、景观等因素。

气候上，城市中心区的建筑高度控制应该考虑城市主要风向及气流的通道，避免阻挡城市中心区内部与外部环境的空气流通，以保障空气的质量，防止更多的城市热岛效应。这项工作在当前的城市规划研究中逐渐被各方所重视，可采用 GIS 等数字技术进行分析。

景观上，首先考虑与城市山水环境所形成的天际线界面，滨水界面的建筑高度应与环境形成有韵律、有起伏、有节奏、有重点的城市天际线。其次，具有历史价值的文物古建及历史街区周围，建筑高度应适当控制，距离保护区由内向外逐渐升高。

9.4.4 建筑风格

城市中心区是城市最活跃的区域，因此在建筑风格上也变化丰富。设计过程中，对建筑风格的把握，首先要符合城市整体的风格特征，与周围环境和建筑相融合，避免出现极其突兀及不和谐的建筑风格；其次要充分体现本地块建筑的印象感，让人能很快地在心里留下深刻的印象。建筑风格的确定主要从以下方面进行思考。

从功能上，根据不同的建筑功能确定建筑风格。商业建筑、办公建筑、艺术馆、美术馆等公共建筑造型多变、风格现代、简洁大方（图 9-21）。

图 9-21　城市中心区建筑
风格示意

可使用钢、玻璃、大理石等材料，立面利用墙面与玻璃质感的差别，形成
虚实对比效果；居住建筑由于私密性等需要，避免大面积玻璃处理，建
筑颜色应以石色、黄色和白色为主，烘托宜居优美的居住环境。从地域
特色上，充分挖掘本地传统的建筑色彩和建筑元素，融入现代建筑中，
体现别具风格的地域特色，如传统中式建筑中的白墙、黛瓦、木窗、院
落等。

作业 13　城市中心区模型制作

1. 作业要求

（1）成果形式：SU 模型导出图片或制作手工模型。手工模型比例自
选，可分小组完成。

（2）调研范围：选取目标城市市中心 CBD 或中心广场周边区域。

（3）成果内容：制作城市中心区 SU 模型或手工模型，需表现广场、
街道、建筑等必要元素，至少建立一个街区的模型。

2. 评分标准（表 9-1）

二维码 9-14　作业参考答案

城市中心区模型制作（总分 100 分）　　　　　　　　　表 9-1

序号	阶段	总分	分数控制体系	分项分值
1	图纸或模型表达清晰、规范	60	图面清晰	20
2			能够准确表达建筑和空间的比例关系	30
3			线条流畅	10
4	整体效果	40	颜色搭配协调	15
5			整体视觉效果好	25
总分				100

10

模块 10　城市滨水区设计

模块简介

本模块主要就城市滨水区设计的相关知识作概要介绍，内容包括城市滨水区的概念；滨水区设计要点；城市滨水区布局形态模式，主要包括空间形态布局模式、滨水高差设计模式及其组成要素布局；滨水区路网结构模式，包括交通模式和布局模式等方面。

学习目标

通过本模块学习，应达到以下目标：

1. 了解城市滨水区的概念，能够描述出城市滨水区的概念。
2. 理解中国城市滨水区开发建设，能够描述出典型案例。
3. 掌握城市滨水区城市设计原则，能够初步参与城市滨水区设计相关工作。

素质目标

从城市滨水区设计提升对环境的认知，培养学生特定空间类型设计的基本方法。从以人为本的人性化的设计、生态优先的和谐自然空间等方面培养学生对生态环境保护的意识。将生态环境优先的理念融入设计中，理解"天人合一"等中国古代的生态自然理念。

学时建议：4 学时，3 学时讲授和 1 学时课中讨论。

作业 14　滨水空间调研报告
作业形式：收集相关资料，进行现场调研，绘制相关分析图并得出调研结论，图文并茂地完成调研 PPT。

二维码 10-1　课件　　二维码 10-2　视频

10.1 概述

城市滨水区的发展是人类文明发展的起点与重要依托，滨水区是具有地域特征的城市开放空间，在我国城市发展中扮演着特殊的角色：

①滨水区是城市珍贵的资源，是改善城市人居环境的重要手段之一；

②滨水区是城市空间的黄金地带，提供了土地开发的机会；

③滨水区的开发能显著提升或重塑城市形象，成为城市的名片。

10.1.1 概念

滨水空间（Waterfront Space）是城市中一个特定的空间地段，系指"与河流、湖泊、海洋毗邻的土地或建筑，即城镇邻近水体的部分。"城市滨水区是城市中陆域与水域相连的一定区域的总称，其一般由水域、水际线、陆域三部分组成。水滨按其毗邻水体性质的不同可分为滨河、滨江、滨湖和滨海等。城市滨水区既是陆地的边缘，又是水体的边缘，包括一定的水域空间和与水体相邻近的城市陆地空间。

滨水区空间范围包括 200~300m 的水域空间及与之相接的城市陆域空间，人适合步行的距离是 1~2km，相当于步行 15~30min 的距离范围，并且城市滨水区具有导向明确、渗透性强的空间特质，是自然生态系统与人工建设系统交融的城市公共开放空间。

由于自然环境和人文环境的独特性，城市滨水区往往构成城市空间中的生动部分，丰富着城市空间，也往往成为一个城市的主要特征之一。把握城市滨水区空间形态的独特性以及滨水区城市形态的构成与发展，可以为滨水地区的城市设计与开发建设提供理论基础与操作纲要。

10.1.2 滨水空间与城市的关系

水与城市空间形态有四种基本关系：

第一种是临水而建，如滨湖和滨海；

第二种是跨水发展，多处于城市中心区，所跨地域空间广；

第三种是多河道型，城市中水网密布，如滨河和滨江；

第四种以水域为主，陆地岛屿零星分布。

各层次大小的滨水空间分布在城市空间的不同层面中，丰富着城市。城市滨水区与城市生活最为密切，分为水陆两大自然生态系统，并且这两大生态系统又互相交叉影响，复合成一个水陆交汇的生态系统，往往是城市中最具有生命力与变化的景观形态，是城市中理想的生态走廊和高质量的城市绿线。强烈地表现人工与自然的交汇融合，是滨水城市与其他城市空间的主要区别。

如今，城市滨水区的开发建设情况大致呈以下发展趋势：

①滨水用地多功能化；

②强调滨水区的生态化和可持续发展；

③更加重视滨水的景观和旅游功能；

④强调滨水区开发对于城市经济发展的带动作用；

⑤注重滨水区的城市形象塑造功能。

二维码 10-3　中国城市滨水区
开发建设现存问题

10.2　滨水区设计要点

城市滨水地区城市设计是对城市滨水地区的功能、空间、景观、环境和交通等各方面所进行的综合设计，是城市建设、景观塑造重要的组成部分，同时也是城市设计的重点与城市景观风貌的亮点。滨水区的设计需要具有整体性，体现在创造系统的城市空间。城市的滨水区与市区之间要加强联系，以整个城市结构和空间形态为背景，立足于景观、历史、经济、文化和生态等诸方面整体效应，把市区的活动引向水边，用开敞的绿化系统和便捷的公交系统把市区和滨水区连接起来。

10.2.1　以人为本的人性化的设计

城市滨水区设计应师法自然，并突出人与自然和谐共处的理念，"人是设计的核心，使滨水区的人居环境高度和谐和人性化"，这是城市滨水空间设计最基本的理论。规划设计的理论、技术和方法服务于人类社会生活的最基本的需求，解决人类的基本生活问题，把对最基本的人的关怀落实到规划设计的每一个层次上。在城市滨水区设计中，应体现"人性化"的设计尺度和环境品质，提倡以人为本，也就是要求滨水区设计要体现对人的行为活动的支持，以及活动多样性的考虑。规划人们的活动考虑时间因素和位置关系，这样便于解决使用上的矛盾和综合使用问题。

城市滨水区往往是一个城市景色最优美的地区，作为城市公共空间的有机组成部分，在规划时应确保滨水区域的开放性，实现滨水岸线的景观共享。连续的滨水开放空间是汇聚人群的重要场所，为开放空间所配套的项目如游乐、商业、休憩等，提高了滨水的亲水性，提升了滨水空间资源的利用效率。

10.2.2　生态优先的和谐自然空间

城市的滨水地区是生态最为敏感的地带，通常是城市的"绿肺""蓝肺"，因此在城市滨水区设计中，要对该地区的环境和生态情况进行分析，

图10-1 长沙洋湖湿地公园内景

（资料来源：洋湖湿地官网
http://www.yhsdjq.com）

注意自然环境与人工环境的协调，遵循生态学的原理，建设多层次、多结构、多功能和多学科的仿自然植物群落，建立人类、动物和植物相联系的新秩序（图10-1）。运用系统工程学指导城市滨水区的建设，使生态、社会和经济效益同步发展，实现良性循环，为人类创造亲水的生态环境。

设计时首先要保护滨水自然格局的完整性，利用河流、湖面、开放水面和植物群落等自然因素，把郊外凉风引入市内以缓解热岛现象。滨水开放空间廊道还应与城市内部开放空间系统组成完整的网络。线性公园绿地、林荫大道、步行道以及自行车道等皆可作为水滨通往城市内部的联系通道，在适当的地点还可以进行节点的重点处理，放大成广场、公园或地标。

其次，还应保护水体不受到污染，禁止城市污水未经处理就直接排入水体，以保证水体的干净、清澈，这是滨水开发的前提。滨水区的绿化应尽量采用自然化的设计，按生态学理论把乔木、灌木、藤蔓、草本和水生植物合理配置在一个群落中。

最后，在滨水护岸方面，采用"自然性护岸"的方式进行设计，创造自然型的滨水区，同时提高了滨水区的防洪能力，从而真正达到美观、防洪和安全的完美统一。

10.2.3 提供多样化的功能空间

多样化的原则在于针对不同人群的活动特性做到功能布局灵活。滨水区域的空间架构不能都以统一模式建造，应满足不同年龄、不同性格的人的需求，打造适合人们需要的场地。阿尔伯特·拉特利奇在《大众行为与公园设计》一书中对人们怎样使用公园有生动的描述。在同一个公园内的人们，有站着的、散步的、跑来跑去的、坐着的、躺着的、交谈着的、弹吉他的、读报的、晒太阳的、遛狗的、教小孩扔飞盘的等。这说明大多数人在公园内的活动呈现多样化特点，外表看起来属于随意和偶然的活动。人们既是观察者，也是被观察者，如果没有一个合适的安全距离双方都会感觉被视线侵犯，公园的体验感就会降低。如日光浴者喜欢处于能看到与被看到的空间内，悠然自得的人在树荫下散步，而性格内向的人则在树荫稠密的草坪上远眺篮球比赛。要想使城市滨水区成为人们向往的场所，必须满足不同性格人群的需求，让不同性格的人们各得其所。

10.2.4　具有交通便捷的可达性

城市滨水区设计应具有便捷的交通和可达性，将大量人流和车流从市区引向水边，人们越方便进入，就越容易引起人们对滨水环境的好感。城市道路与滨水区的连接多呈现尽端路，且要承担上下客、停放车辆、水路接驳、景观节点等多重功能，其交通组织十分复杂。因此，在设计时应特别注重滨水区与城市之间的过境交通、水路换乘、滨水区内部街道的安全性、连续性和通达性。滨水区与过境交通之间的处理方式，可采用人车分流的方式让交通立体化。采用过境交通与滨水区的内部交通分开布置的方法，如在与城市道路接驳的主要节点设立地下停车场、建立高架桥等方式。

10.2.5　具有安全性的辅助设施

针对室外各类辅助设施，其原则首先要保证安全性，其次是实用、舒适、美观。室外设施包括：路灯、座椅、电话亭、广告牌、交通标志、垃圾桶、花坛、雕塑小品、活动厕所和室外遮阳设施等。

危险的威胁是滨水空间可达性的最大障碍，对犯罪的防范也是现代城市公共空间面临的重要课题。危险和伤害有来自于设施本身的原因，也有人为原因。控制因设施本身带来不安全威胁的措施有：铺地的材料应防滑、耐磨，也可以采用一些具有健身按摩作用的材料敷设，如鹅卵石等，但要注意大小合适、均匀，避免过于尖锐。凹凸不平的地面、起伏的高差等都会给夜间行走的人带来不便，需要进行重点照明处理。控制因人带来不安全威胁的措施有：保证夜晚的安全，在过于隐蔽的角落设置不易破坏的照明及报警设施，或者努力避免这种角落的出现（图10-2）。

图10-2　照明形式
（资料来源：Donald Watson, Alan Plattus, Robert Shibley. Time-Saver Standards for Urban Design[M]. New York：McGraw-Hill Professional, 2001）

10.2.6 城市文脉与视觉的延续

（1）文脉的延续

滨水城市依水而建，滨水区蕴藏着丰富的历史与文化内涵，有着独特的城市空间形态和城市结构，以水为文化基础，产生了许多特殊的民风民情，滨水区的古建筑、历史遗迹和风景名胜等增强了城市的魅力，城市空间形态除了作为场所存在，更为重要的意义是它的场所精神，它所折射出的正是城市文化、历史内涵、市民精神、社会审美与意识形态等。因此，滨水区城市设计应该从城市的历史性空间着手，对有价值的历史景观采取保护和维新等措施，保持和突出滨水区建筑物和其他历史因素的特色，包括地理条件、景观构成因素、区域社会构成、历史建筑物现状和街区人文历史，发掘地方历史，延续文化传统，体现城市的独特性。

（2）视觉的延续

保持视觉延续的途径，总结起来有以下几种：

1）利用滨水丘陵的有利地形、地势设置景点。如南京玄武湖南岸的北极阁、九华山公园依地理高势建造鸡鸣寺塔、古城墙，在高处可鸟瞰玄武湖和周边城区，提供了多角度的丰富城市景观。

2）通过大面积玻璃幕墙保持建筑室内公共空间与水域的视觉联系，使室内外空间结合当地气候特点，靠近水边的建筑底层架空或局部透空，形成半公共空间，吸引人的活动同时也使滨水景观成为视觉焦点（图10-3）。

3）与城市功能分布相适应，在滨水边缘地带特殊地段，人流密集、多种交通方式交汇的地方，开辟公共广场（图10-3）。

4）运用人工方法开挖河道将水体引入滨江水岸域，这种方法尤其适用于滨江娱乐休闲区和滨江居住区（图10-3）。

5）滨水区的建筑高度分区控制，城市滨水区的建筑布局和形体设计应有意识地预留视觉廊道通向水域空间，靠近水域的建筑不能阻挡街区内部的建筑朝向水域的视线。

6）桥是特殊的景观和观景点，通常位

图10-3 城市滨水区景观视觉延续

于滨水景观最具魅力的地方，其地点的选择、与周边环境的协调以及桥本身的形态都很重要（图10-3）。

7）考虑从水上或者对岸观赏沿河景观时水域与周边城市环境的和谐。此时防洪堤的形态是否妨碍视线通畅这一问题尤其突出。严格控制建筑与水体边缘的距离，水边设连续的散步道和绿化林带，改变建筑阻挡水体、行人在街道上看不见水、无法接近水的状况。

10.2.7　观赏性的美好景观形成

景观的美好感受是依靠视觉来实现的，注重突出景观序列、层次，景观植物和硬质景观的配置。处理好公共开放区域的整体性，利用好点、线、面的结合关系，创造出优美的滨水区轮廓，吸引注意力的滨水节点，连续的开放空间及开阔的视觉走廊。

（1）滨水景观的序列、层次

滨水景观移步异景，其观赏感受也是一个不断变换的过程。根据空间形态的不同，可将景观序列划分为不同功能区，对驳岸、生物多样性、水体净化、桥梁景观、码头景观、雕塑、景观小品、夜景照明和标识系统等进行专项设计，气候、时间和人物的变化也会对滨水景观的独特性起到加强的作用。

（2）植物景观

滨水区的景观设计应以植物造景为主，但不是真的对整个河道进行大刀阔斧的重新"翻修"，而是要遵循自然，尽力营造一个小自然气候群，动植物之间能够做到自我气候调节。在空间层次上结合地形的竖向设计，模拟水系形成典型地貌特征（如河口、滩涂和湿地），创造出以景观植物为"点"，滨水区连续轮廓线为"线"，统一绿色"面"背景下的立体卷轴。植物景观的"点"配置都要遵循多样性，能够给游客不一样的游览感受，避免游览的视觉疲惫。但要注意，不能因过度种植，降低水边的眺望效果和影响通往水面的街道的引导，保证合适的风景通透线。

（3）硬质景观

滨水硬质景观包括建筑、园林小品、滨水广场和室外照明等。滨水建筑一般具有展示性，在体量、尺度、色彩和材料上既要体现出与自然的和谐统一，也要有该城市的特色符号。用特定的城市符号给城市居民真切的体验与持续的记忆，并产生识别感和认同感（图10-4）。

园林小品包括亭、廊、榭、座椅、铺地、栅栏、景石、指示牌和桥梁等，这些都是塑造滨水景观不可缺少的因素，经过精心设计，可以演变出各种各样具有艺术形态的空间。

图10-4　城市滨水景观示意

滨水广场是城市空间与水域自然空间的聚集地，也是人工要素和自然要素的集粹点，是滨水区作为公共空间的最合适的设施之一，可作为游乐场、娱乐场、休息的场所、会面的场所、谈话的场所以及举行庆典的场所等。城市滨水区以广场为中心，建造开放空间，广场是城市滨水区带形空间的节点。室外照明不仅给夜晚增添美景，在白天也能起到路景变化的作用。特别在滨水区，利用彩色照明器具会营造出一种港湾气氛，所以经常被设计人员采用。

10.3　布局形态模式

人们对城市空间的感受，首先是对形成城市空间的各种有形要素的综合印象，如空间的高低错落、压抑和开敞，建筑的形式、风格，空间中的绿化、水体和设施等各种要素的综合体现，即城市空间形态。

10.3.1　空间形态布局模式

城市滨水地区的空间类型根据城市用地与水体的相对关系，一般有以下三种模式。

（1）沿水型的滨水空间

该类滨水空间的主要特点是城市用地位于水面的一侧或两侧，陆地与水面的边沿呈带状展开。根据水的性质不同，又有沿河、沿湖、沿海以及夹江等类型。例如：上海沿黄浦江两岸地区、三亚亚龙湾地区、沈阳浑南新区滨水地带、昆明市草海片区城市设计（图10-5）等。

1 大剧院
2 音乐厅
3 美术展览馆
4 市民公共文化中心
6 文化博物馆
9 体验式购物公园
10 商务办公
16 SOHO公园
17 城市展览馆水生屋
18 新河湿水球场
26 滨水商业街
27 城市风情商业山

二维码 10-4　扫码高清看图

图 10-5　沿水型滨水城市设计
（资料来源：深圳市城市规划设计研究院股份有限公司.昆明市草海片区城市设计）

（2）环水型的滨水空间

即城市用地包围水面或者接近包围水面，陆地与水面的边缘大致呈环状。根据水的性质不同，又有环湖、环海湾等类型。例如：巴尔的摩内港区、杭州环西湖地区、北京什刹海地区、深圳前海地区（图 10-6）等。

（3）水网型的滨水空间

即大量水道呈网状相互交错，将城市用地切割成若干块，陆地与水面的边缘也呈网状分布（图 10-7）。例如：水城威尼斯、苏州古城等。

图 10-6　环水型滨水城市设计
（资料来源：深圳前海地区国际竞赛城市设计）

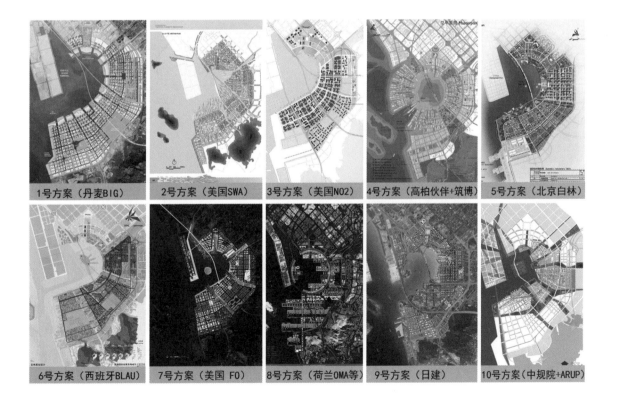

| 1号方案（丹麦BIG） | 2号方案（美国SWA） | 3号方案（美国NO2） | 4号方案（高柏伙伴+筑博） | 5号方案（北京白林） |
| 6号方案（西班牙BLAU） | 7号方案（美国 FO） | 8号方案（荷兰OMA等） | 9号方案（日建） | 10号方案（中规院+ARUP） |

图 10-7　水网型滨水城市设计

（资料来源：深圳市城市规划设计研究院股份有限公司.昆明市草海片区城市设计）

10.3.2　滨水高差设计模式

设计师可根据滨水区具体的地形条件与功能需求选择不同的高差设计模式，为人们提供适宜的滨水空间。

（1）自然式

自然式设计模式采用自然缓坡的形式处理滨水地带的高差，形成自然的驳岸空间环境，自然式的设计模式有利于生态环境保护与植物群落的生长（图 10-8）。

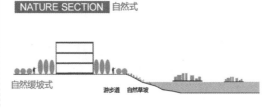

图 10-8　自然式滨水岸线设计模式

（资料来源：深圳市城市规划设计研究院股份有限公司.昆明市草海片区城市设计）

（2）人工式

人工式设计模式有跌落式和挑台式，跌落式在地形处理上，用台地的方式消化高差，形成亲水活动平台，有利于滨水地带活动的开展。挑台式采用挑出的平台解决滨水高差，形成亲水景观平台（图 10-9）。

（3）混合式

混合式设计模式有自然台阶式、栈道式、码头式三种方式，自然台阶式为临水地带采用台阶的方式跌落；栈道式的设计方式是将平台深入到滨水空间中，栈道一侧或两侧临水；码头式即为在滨水岸边设置游船码头，便于停泊船只，为滨水区域提供更多的活动类型与环境场所（图 10-10）。

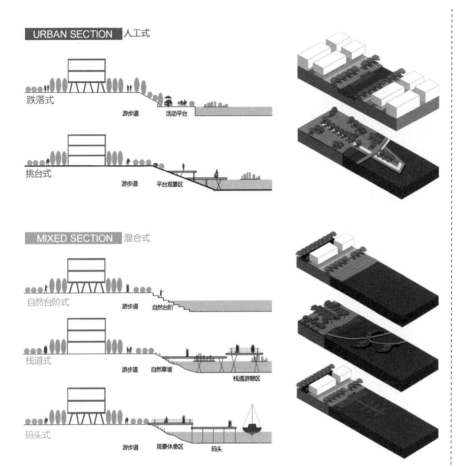

二维码 10-7　扫码高清看图

图 10-9　人工式滨水岸线
设计模式
（资料来源：深圳市城市规划
设计研究院股份有限公司．昆
明市草海片区城市设计）

二维码 10-8　扫码高清看图

图 10-10　混合式滨水岸线
设计模式
（资料来源：深圳市城市规划
设计研究院股份有限公司．昆
明市草海片区城市设计）

10.3.3　组成要素布局模式

滨水空间布局形态设计，在很大程度上取决于是否能处理好滨水空间要素之间的关系。一般而言，滨水区主要包含以下几个组成要素：

水体边缘：水体及亲水空间；滨水步行活动场所：游憩空间；滨水绿化：自然空间；滨水城市活动场所：滨水区的职能空间。

各要素之间的组合形式可分为以下三种类型。

（1）紧凑型

各滨水空间要素以简练、紧凑的形式组合，通常其组成要素会简略到只有城市活动场所和滨水步行场所两个要素。然而，其往往以最经济的用地和空间，求得最大限度的环境效益。例如澳大利亚悉尼达令港滨水公共空间（图 10-11），以一条较宽的滨水步行道作为滨水空间的主体而获得了很好的空间效果。

以紧凑型出现的滨水区一般有两种情况：一种是因为水体位于城市中心，地价高昂、用地紧张，使得其不得不局限在有限的空间范围内；

图 10-11　悉尼达令港滨水
公共空间
（资料来源：建筑学院网站.
让城市拥抱自然——悉尼达
令港公共空间，澳大利亚/
HASSELL[EB/OL]. http://www.
archcollege.com/archcollege/
2018/09/41740.html）

另一种情况是水体为流动水体，河流的运动要求稳定的岸线。紧凑型滨水空间最大的特点是将四要素以最简练的形式结合，尤其是绿化空间往往被微缩到仅仅成为一种点缀。这种紧凑的方式可激发城市活动区的活力。

（2）集约型

对于代表一个城市景观风貌的滨水区，往往因其标志性的建筑群体和较大规模的滨水开敞空间而引人注目，此时各要素得以充分展现，相互映衬，并以其高度的集约性形成非常具有凝聚力的开敞空间，它不仅使这个滨水空间充满活力，也使其成为城市的象征（图 10-12）。集约型的特点使滨水区的职能成为主导因素，绿化空间以城市中心绿地的职能而成为其依托，标志性成为其最为显著的特点。

（3）松散型

二维码 10-9　上海外滩
滨水区城市设计

图 10-12　集约型滨水空间
（资料来源：济宁市东部文化
产业园概念规划设计）

各滨水空间要素以相对活泼、自由的方式组合，滨水空间融于自然之中，风景名胜和湖光山色成为滨水空间的主体。松散型的滨水空间多出现于以游憩功能为主的滨水区，例如大型的城市公园、风景旅游区等。其主要特点是四要素的关系由于其地域的广阔而得以充分延展，体现出宁静、开阔的空间特点（图 10-13）。

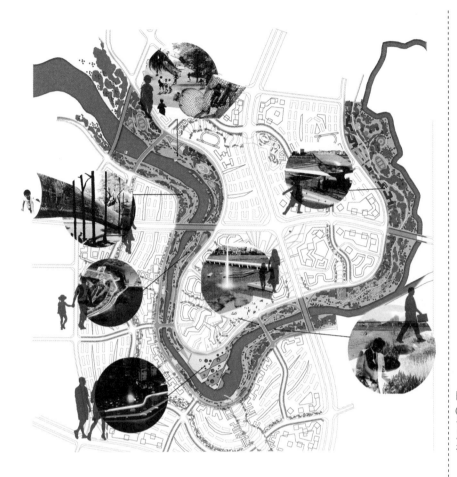

图 10-13　松散型滨水空间
（资料来源：深圳市城市规划
设计研究院股份有限公司 . 重
庆市两江新区水土片区中心区
城市设计）

10.4　路网结构模式

城市滨水区的交通路网设计应该旨在创造一种有机的交通网络，促使城市滨水区形成利于市民进行健身、交流等行为的物质环境和空间形态，进而改善城市、社区与个人的健康状况，形成可持续发展的滨水区环境。

10.4.1　交通模式

总体而言，可将城市滨水区按照距水体步行 5min 距离（约 500m）、距水体步行 10min 距离（约 1000m）分别定义为滨水核心区和滨水扩展区。滨水核心区内可适当限制地面机动车辆通行，步行、自行车等非机动交通方式出行率应不小于 70%；而滨水扩展区以公共交通系统为主导，并做好公交车与自行车的换乘、地铁与公交车的接驳等工作，限制私家车辆通行。垂直于水体方向的道路应与夏季盛行风向平行，延伸至滨水景观大道并与滨水低密度缓冲区有机结合，合理安排相应开放空间。

（1）整合多种公交资源

滨水区内整合不同的公交资源，在减少环境负担的同时可以提高交通效率。滨水扩展区可采用地铁、轻轨等大运量轨道公交或快速公交系统（BRT）连接城市内陆；滨水核心区可采用公共巴士、电车或公共的士等方式抵达，也可直接步行或租赁公共自行车骑行；水体两岸通过公共水上巴士或公共缆车相互连接，使滨水区形成完整、健康的城市"绿肺"。水陆换乘方面，水上交通可采用水上巴士、水上游艇和水上步行桥等方法来解决（图10-14、图10-15），要引起特别注意的是驳岸和码头的设计要组织合理，如杭州京杭运河驳岸。

（2）建立慢行交通体系

滨水核心区内可以建立以步行和骑车为主导的慢行交通体系。非机动车的专用道系统应满足休闲健身与日常通勤的双重需求，实现滨水区交通模式由传统的机动车主导型向以步行、骑车为主导的慢速交通型的转变。

内部步行系统方面，为使滨水地区的景观具有可观赏性，首先是应能接近水面，进而是能让人沿着水滨散步。因此，滨水区内部应建立以滨水步行道为主的（图10-16），辅以适当非机动车健身道的交通系统，重点关注老人、幼儿和行动不便人群的活动特性，在连续线路上增加坡道、扶

图 10-14　济南大明湖水上游艇（左）
（资料来源：潘崟拍摄）

图 10-15　青岛滨海水上游艇（右）
（资料来源：潘崟拍摄）

图 10-16　悉尼达令港公共空间步行系统
（资料来源：建筑学院网站.让城市拥抱自然——悉尼达令港公共空间，澳大利亚/HASSELL[EB/OL]. http://www.archcollege.com/archcollege/2018/09/41740.html）

手，以确保此类人群使用步行道路的通畅性，强调安全性、易达性、舒适性、连续性和选择性，减少机动车的干扰。

（3）融合滨水公共活动

结合景观设计合理的交通"绿道"引导市民从内陆抵达滨水区，提倡使用集交通、观景、社交功能于一体的尺度宜人的生活性街道，并结合集中的滨水绿地、广场、公园等开放空间形成绿色网络。点状滨水地标、线状景观绿廊、面状滨水缓冲区应联系成为统一整体，承担散步、慢跑、轮滑、游玩、展览等一系列有益于身心健康的户外活动。

案例有澳大利亚悉尼达令港的改造，将穿越该区域的城市干道与轻轨作高架处理，整个港区完全设计成步行区（图10-17~图10-19）。挪威奥斯陆阿克布吉滨水地区的开发，将交通干道置于地下，地上只有步行区域，这样也提高了滨水区的步行可达性。

图 10-17　悉尼达令港公共空间（左）

（资料来源：建筑学院网站.让城市拥抱自然——悉尼达令港公共空间，澳大利亚 / HASSELL[EB/OL]. http://www.archcollege.com/archcollege/2018/09/41740.html）

图 10-18　悉尼达令港滨水步行道（右）

（资料来源：建筑学院网站.让城市拥抱自然——悉尼达令港公共空间，澳大利亚 / HASSELL[EB/OL]. http://www.archcollege.com/archcollege/2018/09/41740.html）

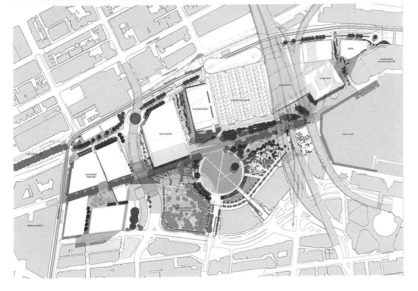

图 10-19　悉尼达令港公共空间总平面图

（资料来源：建筑学院网站.让城市拥抱自然——悉尼达令港公共空间，澳大利亚 / HASSELL[EB/OL]. http://www.archcollege.com/archcollege/2018/09/41740.html）

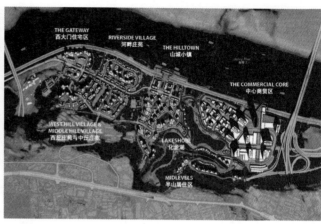

图 10-20 滨水区环状放射
式道路网布局
（左）

（资料来源：深圳市城市规
划设计研究院股份有限公司.
重庆两江新区水土片区城市
设计）

图 10-21 自由式道路网
布局（右）

（资料来源：SOM 重庆化龙桥
概念性总体规划细化设计）

10.4.2 布局模式

（1）环状放射式

环状放射式路网是一种至今仍广泛采用的道路设计形式。这种形式的路网有助于营造出精致的、高质量的公共空间，从而促进丰富多彩的城市活动（图 10-20）。滨水区的交通组织应考虑环境的整体性，通过梳理路网格局，以环水道路为基础打造公共步行区，可建设环状放射式路网，从而建立导向性明确的多层次道路空间。

（2）自由式

自由式路网以结合地形为主，道路弯曲无一定的几何图形（图 10-21）。现有自由式路网随城市规模的发展，通常采用局部与方格网布局结合的方式。

（3）混合式

混合式也称综合式，是上述路网形式的结合，既发扬了各路网形式的优点，又避免了它们的缺点，是一种扬长避短、较合理的形式（图 10-22）。路网布局规划的合理性直接关系路网的功能，合理规划布局可以发挥各路网形式的优点，也利于城市的扩展和过境交通的分流（图 10-23）。

作业 14 滨水空间调研报告

1. 作业要求

（1）成果形式：小组完成调研 PPT。

（2）调研范围：选取目标城市滨水区。

（3）成果内容：收集相关资料和现场调研，总结开发建设过程中存在的问题，采用图片、文字表达。

2. 评分标准（表 10-1）

图 10-22　滨水区混合式
道路网布局
（资料来源：深圳市城市规划
设计研究院股份有限公司.
温州瓯江口新区灵霓半岛规划
设计方案）

图 10-23　滨水区混合式道
路网布局模型
（资料来源：深圳市城市规划
设计研究院股份有限公司.
温州瓯江口新区灵霓半岛规划
设计方案）

滨水空间调研报告（总分 100 分）　　　　　表 10—1

序号	分数控制体系	分项分值
1	PPT 用色美观	10
2	文字表达简练、合理	10
3	图面清晰、线条流畅	10
4	图文排版合理	10
5	调研内容完整	60
	总分	100

二维码 10-10　作业参考答案

伍

第五篇
成果表达篇

Di-wupian

Chengguo Biaodapian

11

模块 11　城市设计成果

模块简介

本模块主要就城市设计的成果表达进行介绍，内容包括城市设计的文本，从城市设计的政策、准则、设计说明等方面进行阐述；城市设计图则和设计成果等。

学习目标

1. 掌握城市设计文本的形式和内容，能够对城市设计文本的内容进行编排。
2. 掌握城市设计图则的内容和表达形式，能够对城市设计图则的内容进行编排。
3. 掌握城市设计成果表达的内容和形式。

素质目标

了解城市设计成果的基本内容，从文字与图示两方面培养学生的职业技能，强化职业规范，在教学过程中加强对学生职业实践指导，从而提高职业道德水准，增强学生的实践能力、团队合作能力和社会责任感，培养学生精益求精的大国工匠精神。

学时建议：2 学时。

作业 15　城市设计文本编制
作业形式：电脑软件绘制 A3 文本，彩色表现，图文并茂。

作业 16　城市设计图则绘制
作业形式：电脑软件绘制 A3 图则，内容完整，版面图文布局合理。

二维码 11-1　课件　　二维码 11-2　视频

在城市形体环境设计方面，城市设计成果依其设计层次不同，呈现出两种类型，即政策过程型和工程产品型。所谓政策过程型成果，即城市设计成果是以文字型成果为主，图示成果为辅，一般是整体城市设计中的定性的描述、规定和指标控制。而工程产品型成果是以图示为主，文字为辅。一般是局部地段城市设计中较为具体的控制图则、设计导则和能说明设计者意图的意向透视图。城市设计成果主要包括文本、图则和图纸部分，其中文本包括设计政策、设计准则和设计说明等。

11.1 城市设计文本

11.1.1 城市设计政策

城市设计政策是城市设计的主要成果之一，是对整个开发过程进行管理的战略性框架，包括发展战略、投资和建设的奖励办法、法规条例、设计实施、维护管理、投资条例及行动框架，体现城市设计的目标、构思、空间结构、原则、条例等的总体描述，是政策性很强的成果。设计政策既包括设计实施或投资程序中的规章条例，也是为整个操作过程服务的一个行动框架和对社会经济背景的一种响应，是一种保证城市设计的图纸文本转向现实成品的设计策略。这种设计政策一般由城市设计人员提出，最后体现在有关城市条例和法规之中。这样一个行动框架应该是灵活的，以便设计得以参照，同时是设计者介入政策制定过程的重要因素。

如美国西雅图市的城市设计研究室通过广泛的背景研究和分析，把设计政策问题与土地利用、运输、自然环境和基础设施结合起来，以此决定后来的设计建设活动。另一突出实例是加拿大渥太华市成立了权威性的城市设计决策机构——"国家首都委员会"（NCC），对一系列有待建设的设计项目及其可行性制定了一整套设计政策。美国旧金山的城市设计政策是通过对需求、目标、基本原则三大项的分析得出，图文并茂，内容实际又深入详细（表11-1）。

11.1.2 设计准则与设计说明

城市设计准则是现代城市设计最基本的成果形式，是用来保证设计实施的具体依据，亦即对城市或某特定地段的城市建设提出综合设计要求。城市设计准则首先是由美国旧金山市提出的。1980年，旧金山市城市设计计划在实施中遇到了一些困难，这时人们感到，若不将计划翻译成特殊的设计准则，就难以保证城市环境在微观层次上的质量，于是1982年该市制定了中心区设计准则，它包括形体项目及一套引申出来的七部分的附录

旧金山的城市设计政策（节选）　　　　　　　表 11—1

1		旧金山的城市设计政策（节选）
意象和特征	1—1	认识和保护城市的主要景观，特别要注意旷地和水的主要景观
	1—2	认识、保护和加强现有的街道格局，特别是与地形结合的街道的格局
	1—3	认识到建筑群从整体上看产生一种显示城市及其各区特征的总效果
	1—4	保护和提倡开发限定地区和地形的大规模造景和旷地
组织和目的	1—5	通过与众不同的造景和其他特征加强每个区的特征
	1—6	通过街道有特色的设计及其他手段使活动中心更加突出
	1—7	认识地区的自然境界并加强区与区之间的联系
为旅行导向	1—8	增加主要目的地及其他导向点的可见性
	1—9	增加旅游路线的明确性
	1—10	利用一个全城性街道照明规划来指导街道设计
	1—11	利用一个全城性街道绿化规划来指明街道设计的目的
2		关于城市保护的政策
自然区的保护	2—1	少数迄今尚存、未经人工开发的地区必须保存其自然状态
	2—2	在其他已经建立自然感的旷地中，改善措施必须限于必要的方面，并估计不会减损该旷地的主要价值
	2—3	避免侵蚀旧金山海湾，那与海湾规划或城市居民需求不相容
历史建筑的保护	2—4	保护具有历史性建筑艺术或美学价值的知名里程碑建筑和地区，并提倡保护其他与历史建筑有连续感的建筑和特征
	2—5	为加强而不是削弱古建筑的原始特征，在修复时必须审慎从事
	2—6	在设计新建筑时必须尊重附近历史建筑的特征
	2—7	认识和保护在视觉形式和特点方面有特大贡献的杰出和独一无二的地区
街道空间	2—8	要保持一个强有力的立法规定，反对放弃街道用地为私人所有、私人使用或用于建造公共建筑

和进一步的解释准则。

准则的表达形式可分为两类：一种是规定性的，是设计者必须遵守的限制框架；另一种是引导性的，城市设计中有许多不同性质的内容只能是引导，而无法明确规定，这和控制性规划有明显的差异，例如建筑风格等就无法用限定的标准框死，而只能提供一些可能的倾向和一些设计要求进行适应性控制。

从技术上讲，良好、完善的城市设计准则应包括准则的用途和目标、较小的和次要的问题分类、应用可能性和范例等，同时，准则又是跨学科共同研究的成果，具有相当的开放性、适应性及覆盖面。

设计说明是对城市设计方案的简要阐述，它一般包括基地概况、设计指导思想、分析和综合及主要成果四大部分。设计说明的功用是帮助人们总体把握整个城市设计思想，分清重要的和次要的设计因素，以利于设计管理实施。

11.2 城市设计图则

城市设计图则是将城市设计内容用图形文字和数据表达，以便对城市用地空间环境进行全覆盖的控制管理。它包括总图、分析图和各指标要素控制图等几部分，与规划图纸一起为城市空间环境实施管理提供指引。总图是城市总体综合设计在图面上的反映，它包括道路、绿化、地块界线与编号以及综合要素控制汇编表等内容；分析图是各个控制要素体系之间的关系分析，一般包括用地形态分析、视觉景观分析、交通系统分析、步行空间分析、绿化系统分析、历史文脉分析等；各指标要素控制图是总图中重要控制要素在图面上的展开和具体表达。

一般说来，整体城市设计的成果构成主要包括设计政策、准则、说明和相应的图则。上海陆家嘴城市设计成果包括设计政策、设计准则和设计方案等三部分；局部城市设计构成主要包括准则、说明和图则。广州火车东站重要地段城市设计文本包括设计范围、设计依据、设计目标、设计原则、引导、控制细则和地块城市设计引导控制一览表等共六个部分。重庆市北滨路工业遗址改造项目城市设计图则主要包括空间设计要点、建筑设计要点、环境设计要点方面（图 11-1）；草海城市设计导则的街道景观设计指引图中，对广告设置、绿化种植、建筑色彩、灯光设计和环境铺装方面作了指引（图 11-2）。

城市设计的成果是一个有机的整体，它们之间相互联系和影响，对城市设计实施能形成可持续的指导，这些成果的核心思想是强调成果的控制性和引导性，以达到控制城市建设的方向、操纵城市形式的变化、实现城市设计目标的目的。

作业 15 城市设计文本编制

1. 作业目的

（1）培养学生对给定资料进行分析的能力和城市设计文本的编制能力；

（2）培养学生操作软件进行文本排版的能力。

2. 作业任务

根据教师提供的城市设计项目文件资料，编制完成该项目的城市设计文本。内容包括：

（1）文本封面封底，封面标题为"某城市设计"；

（2）文本目录，共分三个篇章（效果图、项目总述、总平面设计和分析）；

（3）文本内页，文本图幅大小为 A3，将设计文件分篇章按照一定的顺序合理编排。

图 11-1　重庆市北滨工业遗址改造项目城市设计图则（对页上）

（资料来源：重庆市设计院.鸿恩寺传统风貌区城市设计）

图 11-2　草海城市设计导则（对页下）

（资料来源：深圳市城市规划设计研究院股份有限公司）

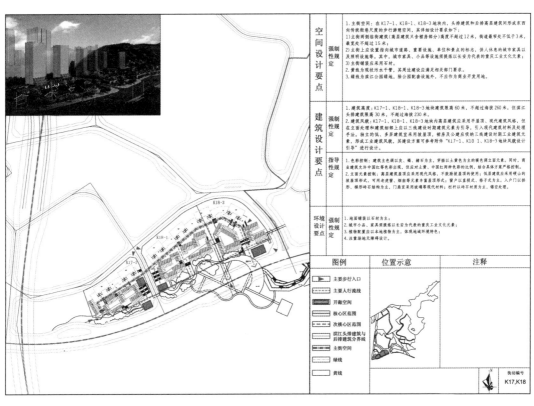

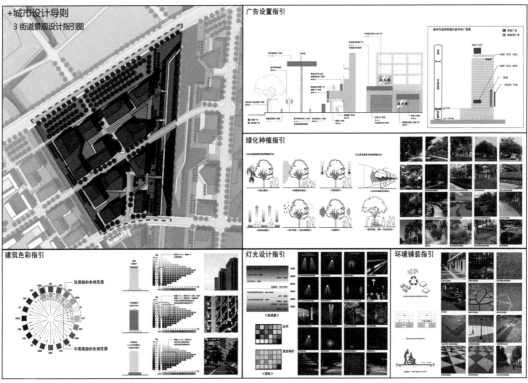

整个文本分为三个篇章，其中：效果图篇主要是鸟瞰图和透视图；项目总述篇主要是区域位置、用地现状、综述、规划设计方法、建筑文化内涵的继承、街道空间图景；总平面设计和分析篇主要是彩色总平面图及技术指标、总平面竖向、交通设计图及设计说明、交通组织及消防分析、规划结构分析、旅游线路及业态分布意向。

3. 作业要求

项目名称准确，封面设计有一定的创意，目录结构清晰明了，文本内页格式统一，版面中图文布局合理，成图像素清晰，编制完成后的文件命名为"某城市设计文本编制"，最终形成 PDF 格式文件。文本制作要求如下。

（1）封面和封底

1）设计具有一定的创新性，图文布局合理；

2）封面和封底的图幅大小版式为 A3 横向；

3）完成封面的图文排版；

4）标题名称准确，文字大小适中、版式美观，图面清晰。

（2）文本目录

1）结构清晰明了；

2）所列目录名称与设计文件内容对应；

3）目录按照设计文件编排顺序合理安排；

4）不遗漏设计内容。

（3）文本内页设计合理

1）图幅大小版式为 A3 横向；

2）内页应反映项目的名称及图名；

3）每页文本中图名应与图片所示内容主题吻合；

4）文字格式大小应体现文本的内容层次，字体整体协调统一；

5）标题要突出；

6）版式设计简单明了。

4. 作业评分标准（表 11-2）

二维码 11-3　作业参考答案

作业 16　城市设计图则绘制

1. 作业目的

（1）培养学生对给定资料进行分析的能力和城市设计图则的绘制能力；

（2）培养学生操作软件进行文本排版的能力。

2. 作业任务

根据教师提供的某地块城市设计图则的内容资料，编制完成该地块的城市设计图则。

城市设计文本编制作业评分标准　　　　表 11-2

序号	内容	评分标准	分值
1	封面设计具有一定的创新性，图文布局合理（25分）	封面和封底的图幅大小版式是 A3 横向的页面，分为封面和封底两部分	10
		完成封面和封底的图文排版	5
		项目名称与设计文件中的吻合	5
		标题文字大小适中、版式美观、图面清晰	5
2	文本目录结构清晰（20分）	所列目录名称与设计文件内容对应	8
		目录按照设计文件编排顺序合理安排	6
		不遗漏设计内容的编排	6
3	文本内页设计合理（10分）	熟悉内页的图幅大小，应该是 A3 尺寸	5
		内页应该反映项目的名称及图名，版式设计简单明了	5
4	文本内容图片及文字的编排（40分）	熟练运用 PS 设计软件，在内页内进行图片的排版	10
		熟练运用 PS 设计软件，在内页内进行文字的排版	10
		每页文本中图名应与图片所示内容主题吻合	8
		图中文字大小应统一，突出主标题	4
		注重色彩搭配的整体性、协调性	8
5	文本保存（5分）	按要求命名文件，按要求保存为 PDF 格式	5

内容包括：地块平面图、图例、地块效果图、地块位置示意图、空间设计要点、建筑设计要点、环境设计要点、街坊编号、图则编号、风玫瑰图等。

3. 作业要求

成果要求：图则以 A3 图表的形式呈现，内容完整，版面图文布局合理，文字大小适中，成图像素清晰，绘制完成后文件命名为"某地块城市设计图则"，最终形成 JPEG 格式文件。

4. 作业评分标准（表 11-3）

城市设计图则绘制评分标准　　　　表 11-3

序号	内容	评分标准	分值
1	图则内容（50分）	地块平面图	8
		图例	5
		地块效果图	4
		地块位置示意图	3
		空间设计要点	8
		建筑设计要点	8
		环境设计要点	8
		街坊编号、图则编号、风玫瑰图	6
2	图则编排（45分）	以图表形式呈现	10
		A3 大小，成图像素清晰	10
		版面图文布局合理	15
		文字大小适中	10
3	文本保存（5分）	按要求命名文件，按要求保存为 PDF 格式	5

二维码 11-4　作业参考答案

189

12

模块 12　城市设计表达

模块简介

本模块选取具有代表性的城市设计案例成果，具有典型城市设计理念的城市设计表达案例，从总图的表达绘制、图示语言表达的方面进行介绍，图示语言表达主要从信息图示、概念图示、逻辑图示和意象图示方面提供案例，体现城市设计所需要的图示表达语言。

学习目标

1. 掌握城市总平面图的形式和内容，能够绘制城市设计彩色总平面图。
2. 掌握城市设计图示化语言的内容和表达形式，能够对城市设计的相关概念分析从图示化语言入手，绘制相关分析图。
3. 掌握城市设计成果表达的内容和形式。

素质目标

了解城市设计成果表达的基本要素，通过图示化语言的内容和表达形式提供参照的模板，强化设计成果表达的规范性和美观性，在教学过程实践操作，提高职业技能，培养学生精益求精的大国工匠精神。从系统思维、逻辑思维、辩证思维等方面提高城市设计成果表达的能力。

学时建议：2 学时。

作业 17　城市设计分析图绘制
作业形式：电脑制图，彩色表现，图纸内容完整，图文并茂，颜色协调、美观大方，图示语言表达清晰。

二维码 12-1　课件　　二维码 12-2　视频

12.1 城市设计表达赏析

城市规划中通常采用二维化图则和数量化控制指标的方式，所以城市设计成果与管理语汇的有效转译显得至关重要；而城市设计通过落实对构成城市实体的各个要素的具体设计和细化表达，恰好可以在具象化方面承载起"转译"职能，对规划形成有力的补偿，增强其可读性。城市设计的表达不但可以为城市规划补充空间形态方面的基本要素，为成果的深化与具体化提供依据和控制，其三维化与视觉化的表达手段也有利于规划管理的可操作性与可读性，本模块针对总平面图和图示化语言表达方面进行介绍。

12.1.1 总平面图的表达绘制

总平面图是城市设计的核心成果图纸，需要准确、完整、美观地表达设计。总平面图绘制时要求各项设计内容表达完整；重点要素突出；图面效果美观，符合城市特色意蕴。以下是不同类型的城市设计项目的总平面图展示，如城市新区开发区（图12-1）、详细城市设计（图12-2、图12-3）、物流园区城市设计（图12-4）、滨海小镇城市设计（图12-5、图12-6）、滨水城市设计（图12-7、图12-8）。

图12-1 郑州经济技术开发区整体概念城市设计（上左）

图12-2 福州市南屿南通详细城市设计（上右）

图12-3 城市设计总平面图案例（下左）

图12-4 温州瑞安市江南物流园区城市设计（下右）

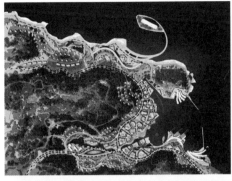
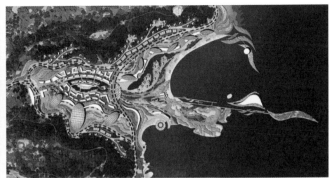

12.1.2　图示化语言表达

通过将城市设计各个部分的内容进行灵活多样的图示化处理，直观生动地表达规划意图。图示化语言可灵活多样、直观生动地表达，主要包括信息图示、概念图示、逻辑图示、意象图示等。

（1）信息图示

采用图表相结合的方式，直观地展示出城市设计项目的相关背景资料及数据（图 12-9）、信息化图案（图 12-10）、标注化图案（图 12-11），为设计分析、逻辑梳理提供直观的分析结论，又如区位条件的信息化分析（图 12-12）、图示立体化（图 12-13），从而更为有效地服务于城市设计的相关决策。

（2）概念图示

采用图示语言的方式，直观地表达城市设计项目的构思概念、功能结构及轴线、城市活动等概念分析，通过点、线、面和图标设计的方式表达概念内容，将城市设计中的概念分析用清晰的图示语言表达出来，进而更为直观地对城市相关要素进行设计（图 12-14~ 图 12-17）。

（3）逻辑图示

采用逻辑推进的图示化语言的方式，清晰地表达出设计渐进的过程，更加深刻地剖析出城市各要素之间的关系。通常采用不同颜色的功能模块

图 12-5　梦幻小镇城市设计（上左）

图 12-6　皇后小镇城市设计（上右）

图 12-7　某滨水城市设计（下左）

图 12-8　某城市滨水区设计（下右）

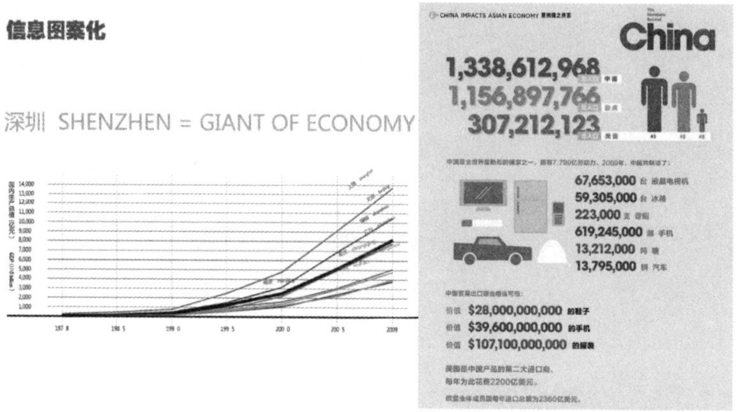

图 12-9　城市经济分析

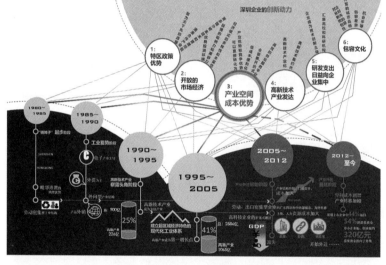

**图 12-10　产业发展图示化
　　　　　分析**

（资料来源：深圳市城市规划
设计研究院股份有限公司．龙
岗区坂雪岗科技城整体城市设
计国际咨询成果）

图 12-11　标注化图案示意

图 12-12　区位条件分析示意

（资料来源：深圳市城市规划设计研究院股份有限公司.昆明市草海片区城市设计）

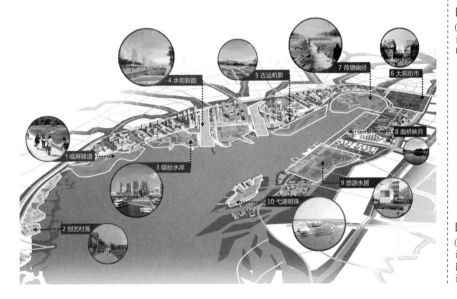

图 12-13　图示立体化示意

（资料来源：深圳市城市规划设计研究院股份有限公司.昆明市草海片区城市设计）

图 12-14　主导行业分析图

（资料来源：深圳市城市规划设计研究院股份有限公司.龙岗区坂雪岗科技城整体城市设计国际咨询成果）

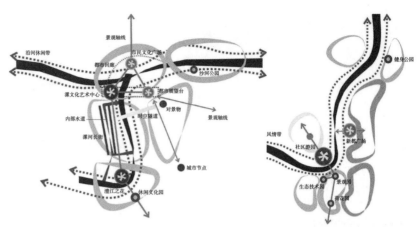

图 12-15　功能轴线分析图

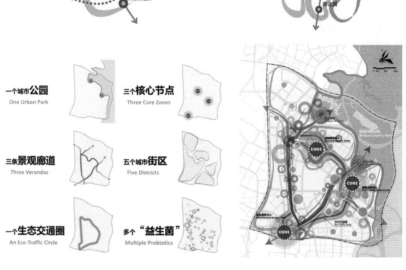

图 12-16　功能结构分析图
（资料来源：深圳市城市规划设计研究院股份有限公司 . 龙岗区坂雪岗科技城整体城市设计国际咨询成果）

图 12-17　城市活动分析图

与点线结合的方式进行绘制（图 12-18），也可分要素解析城市不同要素之间的逻辑演进（图 12-19~图 12-20），进而叠加成为综合的要素。不同规模大小、不同功能性质的城市设计，可根据城市设计具体的需求进行逻辑分析，并采用适宜的图示语言针对性地分析（图 12-21~图 12-23）。

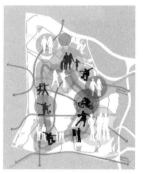

共同产业圈　　　　　　　　　共同生活圈　　　　　　　　　共同行动圈

图12-18　逻辑演化分析示意图

（资料来源：深圳市城市规划设计研究院股份有限公司 . 龙岗区坂雪岗科技城整体城市设计国际咨询成果）

策略一：营造特色生态环境。
Strategy 1：Build Ecological Environment with Characteristics.

策略二：构建景观复合绿廊。
Strategy 2：Construct Landscape Complex Green Corridors.

策略三：规划网络化的绿网体系。
Strategy 3：Plan network-based green network system.

策略四：引导"益生菌"渐进式有机更新。
Strategy 4：Guide Organic Renewal with "Probiotics" Gradual Model.

策略五：营造城中村和企业共生共赢的特色城市空间。
Strategy 5：Create a characteristic urban space with both village and company.

策略六：打造功能混合街区。
Strategy 6：Build Mixed-use Blocks.

策略七：建立绿色出行。
Strategy 7：Establish Green Commuting.

策略八：统领整体形态。
Strategy 8：Lead Overall Morphology.

图12-19　规划策略分析示意

（资料来源：深圳市城市规划设计研究院股份有限公司 . 龙岗区坂雪岗科技城整体城市设计国际咨询成果）

图12-20　信息单一化逻辑演变示意

（资料来源：深圳市城市规划设计研究院股份有限公司 . 龙岗区坂雪岗科技城整体城市设计国际咨询成果）

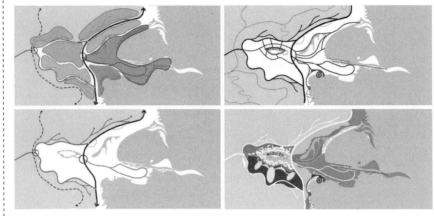

图12-21　城市设计要素分析

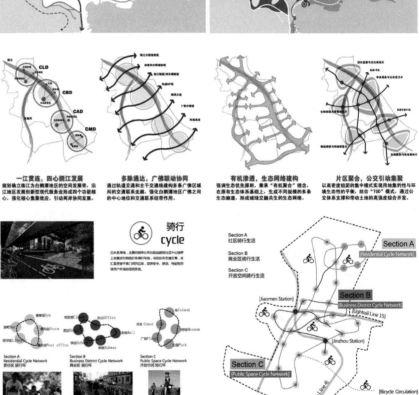

图12-22　城市设计相关分析

图12-23　逻辑分析示意

（4）意象图示

采用手绘或电脑模型的方式表达城市设计的意象，可采用手绘意向图轮廓，再使用马克笔、彩铅、水彩等方式上色，快速地表达出城市设计的相关风貌意象，如图12-24、图12-25所表达的山水意象，图12-26中所表达的城市与水环境之间的关系，图12-27中所表达出的城市核心区意象，图12-28中采用体量模型的方式表达出的城市整体空间意象，图12-29从不同的视角展示城市设计不同的节点。意象图示直观地表达出城市设计的设计成果，便于决策者更客观地评价城市设计方案。

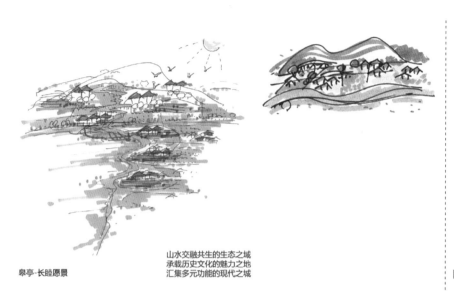

皋亭-长睦愿景

山水交融共生的生态之域
承载历史文化的魅力之地
汇集多元功能的现代之城

图 12-24　山水意象

图 12-25　城市山水意象

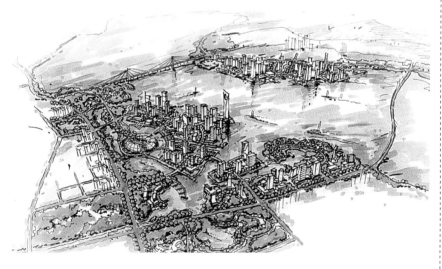

图 12-26　城市设计意象

图 12-27　城市核心区设计示意

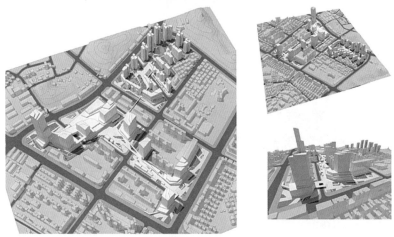

图 12-28　城市设计形态示意

图 12-29　城市设计示意

12.2 城市设计课程作业案例

见图 12-30~ 图 12-46。

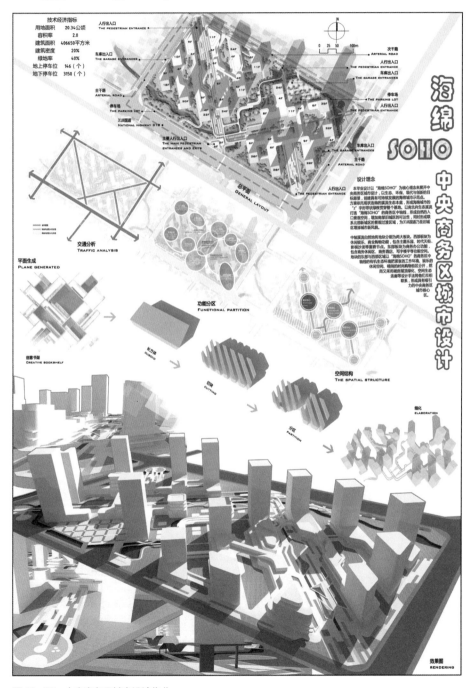

图 12-30 中央商务区城市设计作业

（资料来源：重庆建筑工程职业学院 2013 级城镇建设专业谢道亮城市设计作业）

二维码 12-3
扫码高清看图

图 12-31　中心区城市设计——海绵城市

（资料来源：重庆建筑工程职业学院 2015 级城镇建设专业吴柳、冉玲城市设计作业）

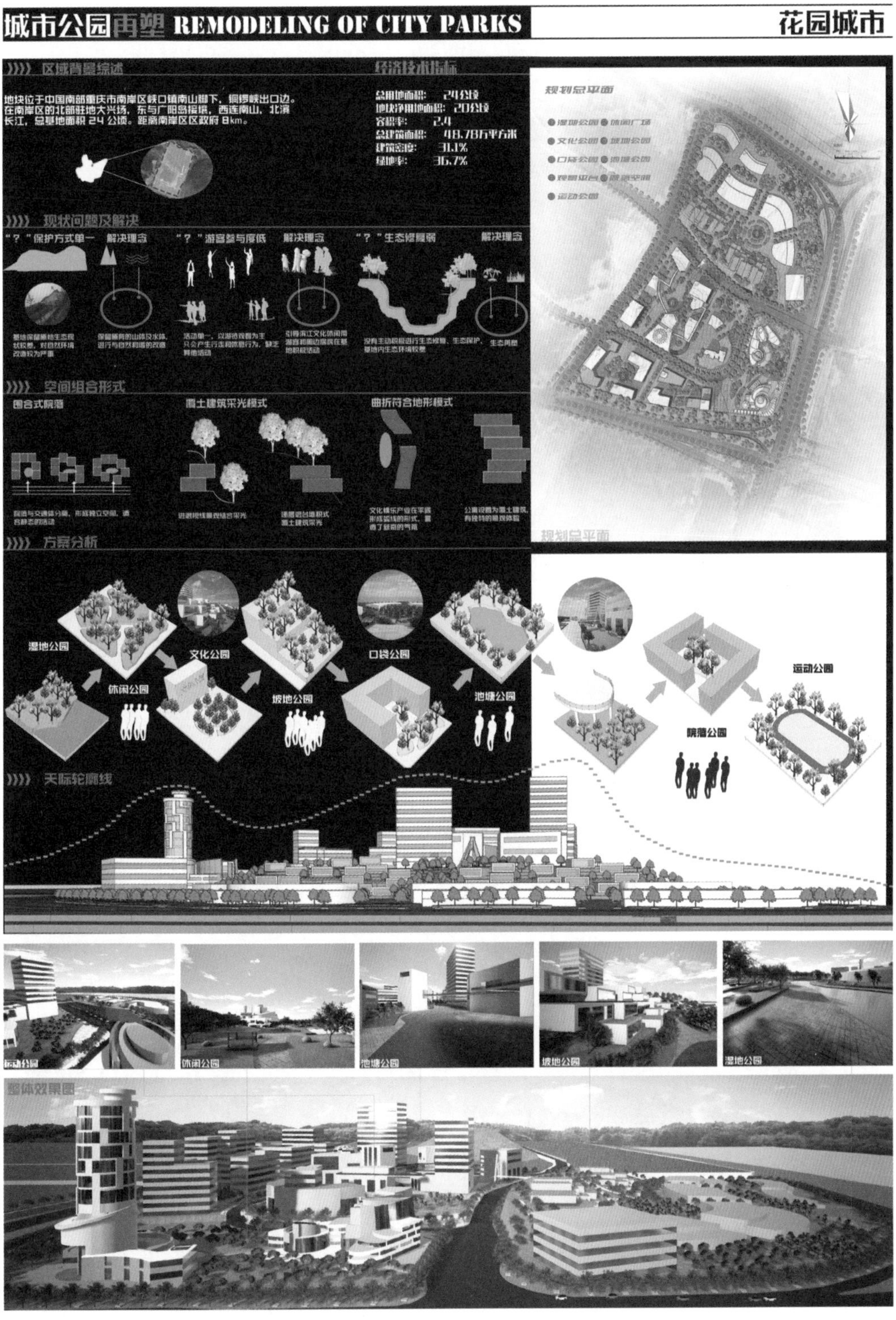

图 12-32　城市公园再塑——花园城市

（资料来源：重庆建筑工程职业学院 2015 级城镇建设专业雷世明、张家达城市设计作业）

二维码 12-4
扫码高清看图

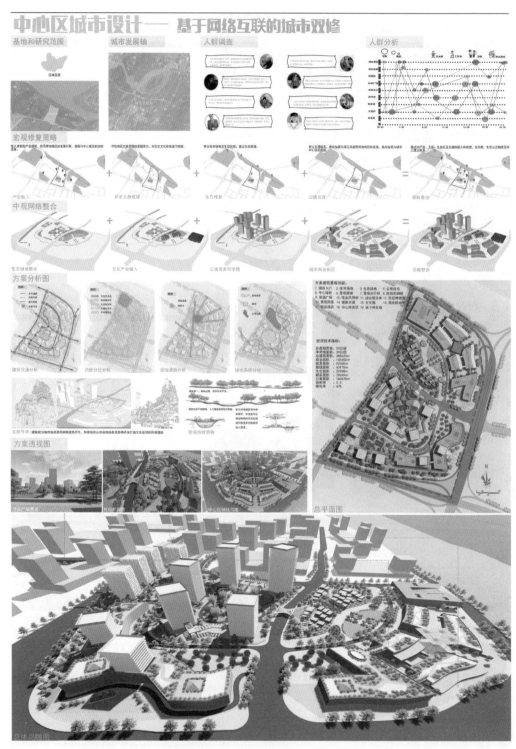

图 12-33　中心区城市设计——基于网络互联的城市双修

（资料来源：重庆建筑工程职业学院 2015 级城镇建设专业王杰、陈琳城市设计作业）

URBAN DESIGN OF CENTRAL DISTRICT
中心区城市设计及酒店建筑设计 `01`

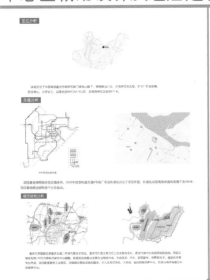

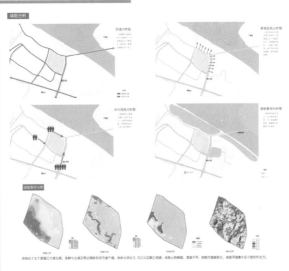

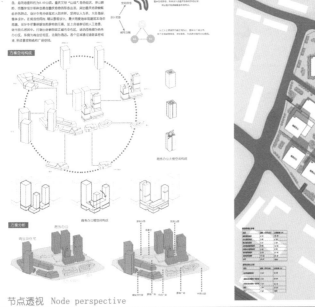

节点透视　Node perspective

图 12-34　中心区城市设计及酒店建筑设计 1
（资料来源：重庆建筑工程职业学院 2018 级建筑设计专业熊持恒、仇燕婷城市设计作业）

二维码 12-7
扫码高清看图

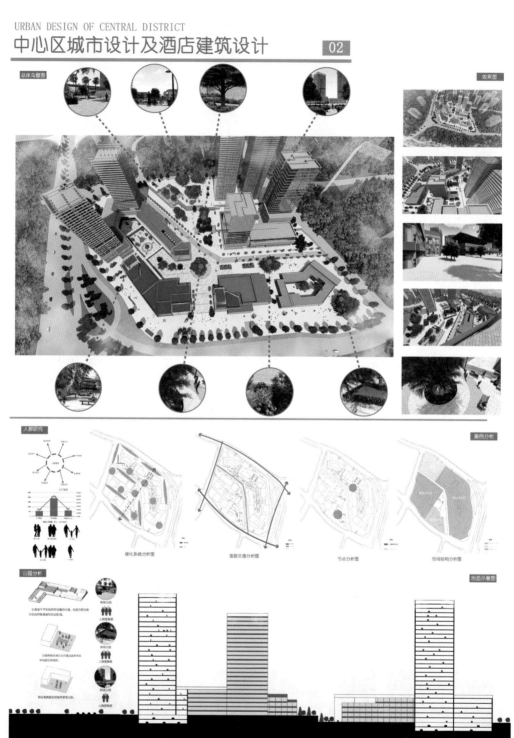

图 12-35　中心区城市设计及酒店建筑设计 2

（资料来源：重庆建筑工程职业学院 2018 级建筑设计专业熊持恒、仇燕婷城市设计作业）

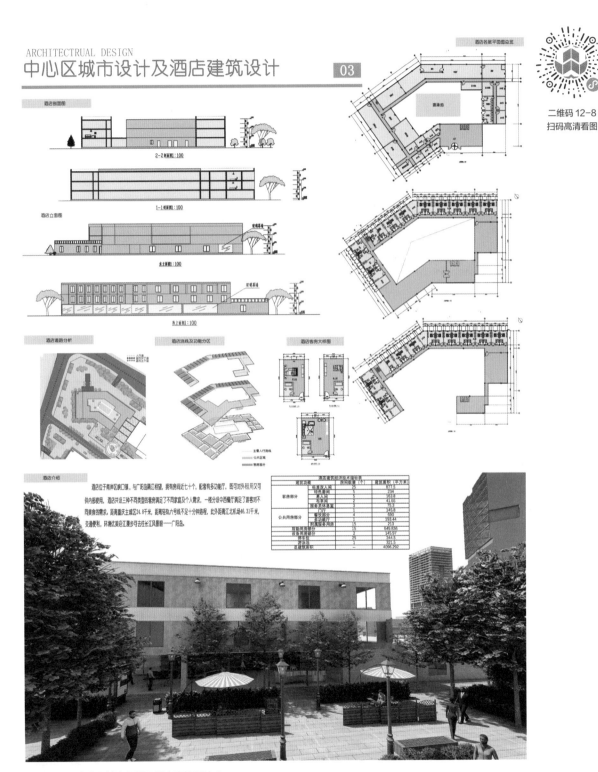

图 12-36　中心区城市设计及酒店建筑设计 3

（资料来源：重庆建筑工程职业学院 2018 级建筑设计专业熊持恒、仇燕婷城市设计作业）

二维码 12-9
扫码高清看图

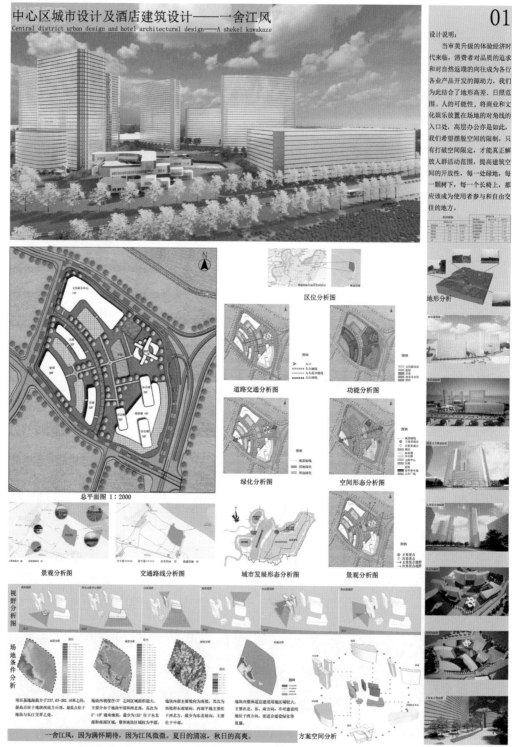

图 12-37　中心区城市设计及酒店建筑设计 1
（资料来源：重庆建筑工程职业学院 2019 级建筑设计专业古鹏飞、王家琪城市设计作业）

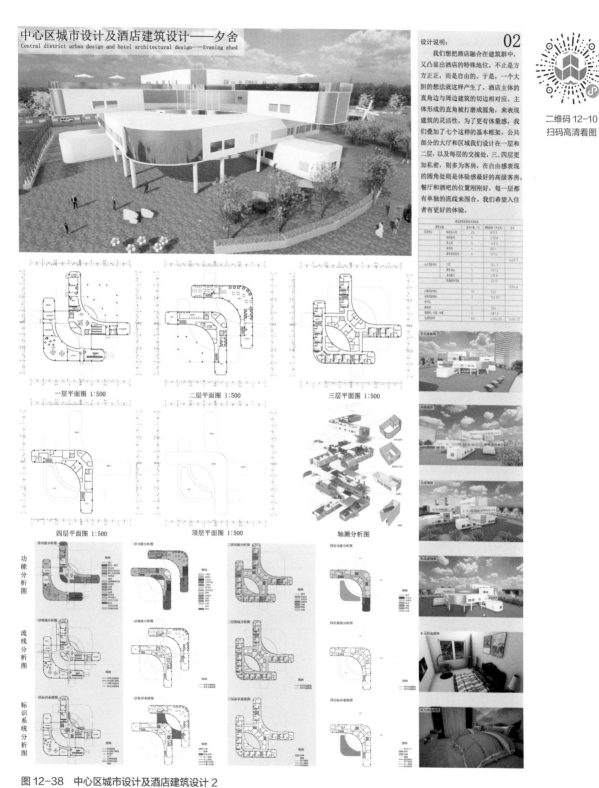

图 12-38　中心区城市设计及酒店建筑设计 2

（资料来源：重庆建筑工程职业学院 2019 级建筑设计专业古鹏飞、王家琪城市设计作业）

二维码 12-11
扫码高清看图

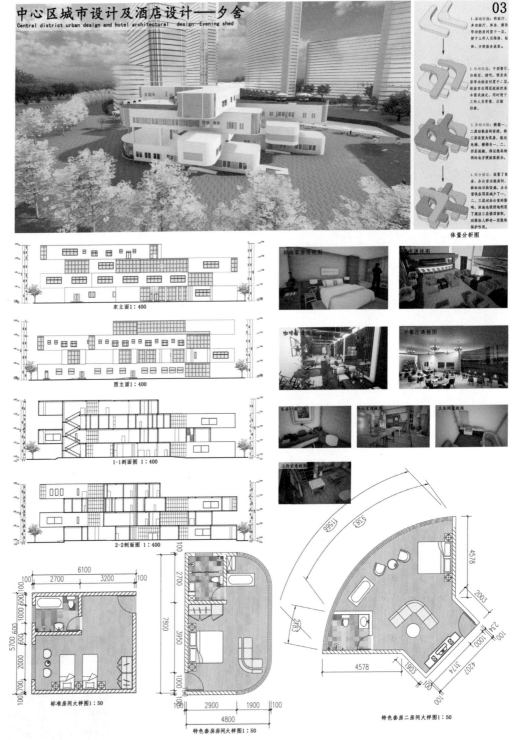

图 12-39　中心区城市设计及酒店建筑设计 3
（资料来源：重庆建筑工程职业学院 2019 级建筑设计专业古鹏飞、王家琪城市设计作业）

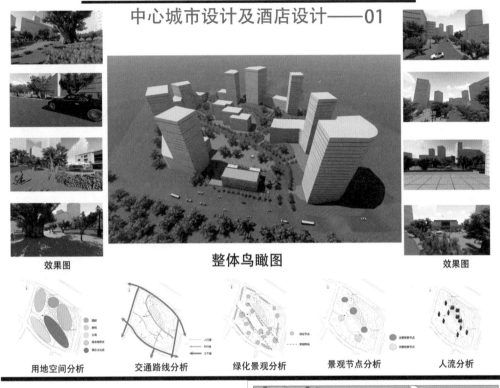

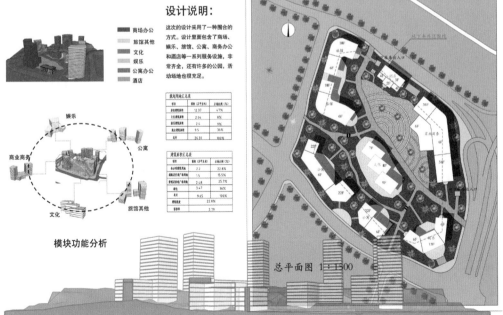

图 12-40　中心城市设计及酒店设计 1

（资料来源：重庆建筑工程职业学院 2019 级建筑设计专业张吉、肖勇城市设计作业）

二维码 12-13
扫码高清看图

Central city design and hotel design

中心城市设计及酒店设计——02

设计说明

　　酒店建筑面积为4440平方米，建筑风格主要为中式，客房设计有特色套间、双人间、单人间，来满足不同客户的需求。

　　我们酒店设计，以满足人和人际活动的需要为核心，酒店室内装饰设计的目的是通过创造室内空间环境为人服务。除基本设施以外，还设计有桌球室、游泳池、吧台等公共空间，以满足客人们的社交需求。

　　酒店室内设计的立意、构思，室内风格和环境氛围的创造，我们着眼于对环境整体、文化特征以及建筑物的功能特点等多方面的考虑。酒店位于长江江畔，素有母亲河之称。酒店风格为中式，相互呼应。

酒店整体效果图

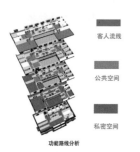

功能路线分析

轴测分析

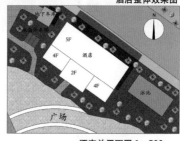

酒店总平面图1：500

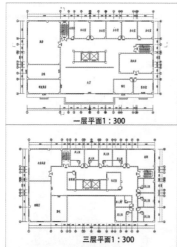

一层平面1：300

二层平面1：300

三层平面1：300

四层平面1：300

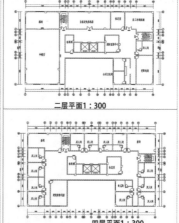

酒店局部效果图

图 12-41　中心城市设计及酒店设计 2
（资料来源：重庆建筑工程职业学院 2019 级建筑设计专业张吉、肖勇城市设计作业）

Central city design and hotel design

中心城市设计及酒店设计——03

二维码 12-14
扫码高清看图

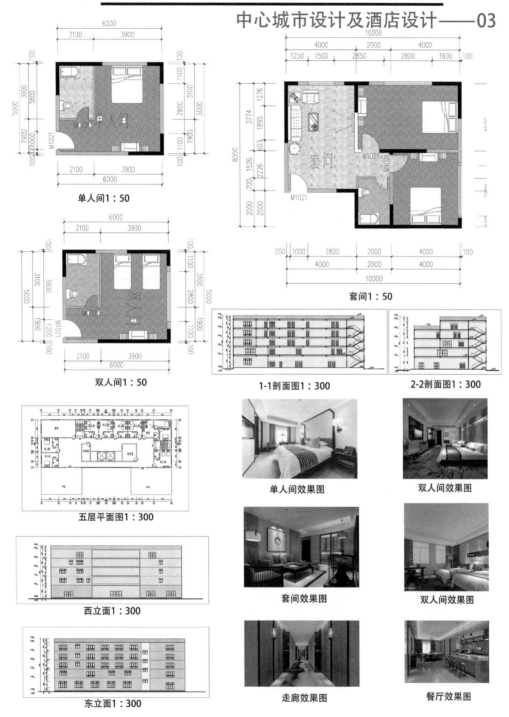

单人间 1∶50

套间 1∶50

双人间 1∶50

1-1剖面图 1∶300

2-2剖面图 1∶300

五层平面 1∶300

单人间效果图

双人间效果图

西立面 1∶300

套间效果图

双人间效果图

东立面 1∶300

走廊效果图

餐厅效果图

图 12-42　中心城市设计及酒店设计 3

（资料来源：重庆建筑工程职业学院 2019 级建筑设计专业张吉、肖勇城市设计作业）

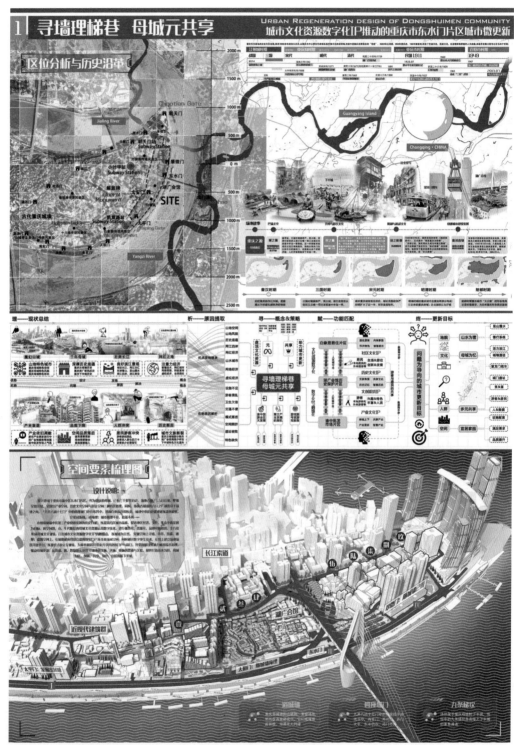

图 12-43　寻墙理梯巷 母城元共享——城市文化资源数字化 IP 推动的重庆市东水门片区城市微更新 1
（资料来源：重庆大学建筑城规学院 2018 级城市规划专业史嘉浩、赵晟竞赛作品）

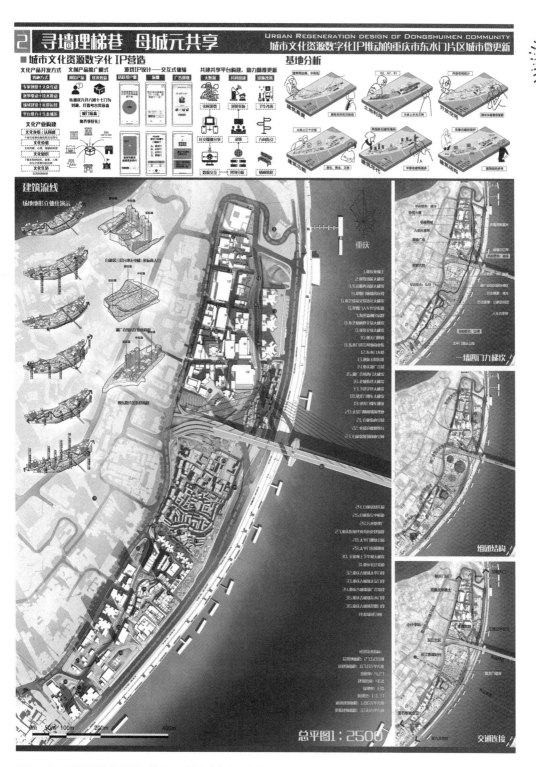

图 12-44　寻墙理梯巷 母城元共享——城市文化资源数字化 IP 推动的重庆市东水门片区城市微更新 2

（资料来源：重庆大学建筑城规学院 2018 级城市规划专业史嘉浩、赵晟竞赛作品）

二维码 12-17
扫码高清看图

图 12-45　寻墙理梯巷 母城元共享——城市文化资源数字化 IP 推动的重庆市东水门片区城市微更新 3
（资料来源：重庆大学建筑城规学院 2018 级城市规划专业史嘉浩、赵晟竞赛作品）

图 12-46　寻墙理梯巷 母城元共享——城市文化资源数字化 IP 推动的重庆市东水门片区城市微更新 4
（资料来源：重庆大学建筑城规学院 2018 级城市规划专业史嘉浩、赵晟竞赛作品）

作业 17　城市设计分析图绘制

1. 作业目的

（1）培养学生对给定资料进行分析的能力和城市设计分析图的绘制能力；

（2）培养学生对 Photoshop 等绘图软件操作的能力。

2. 作业任务

根据任务描述，对商业街的功能和交通流线（车流、人流、货流、消防线路）组织进行分析，并利用 Photoshop 等软件绘制功能分析图和交通流线组织分析图。任务描述如下：

某城镇商业街为民俗文化商业街，集购物、休闲、民俗特色、公共活动空间于一体，其功能从民族文化逐渐向现代商业过渡。

该商业街东临城市次干路一（道路红线宽度 30m，为县城对外交通道路），北临城市次干路二（道路红线宽度 30m），西临城市支路（道路红线宽度 22m），南侧有一条 9m 宽通道（图 12-47）。

3. 作业要求

成果要求：绘制完成后的文件命名为"01 某商业街功能分析图""02 某商业街交通流线组织分析图"，保存为 jpg 格式文件。

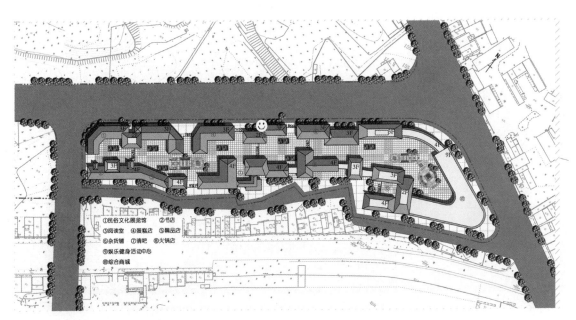

图 12-47　某城镇商业街总平面图

（1）功能分析图绘图要求：

1）合理分析商业街的功能分区；

2）合理定位商业街的各功能区；

3）图纸内容完整，有图名、图例、简要文字说明等；

4）颜色协调、美观大方；

5）分析图示表达清晰。

（2）交通流线组织分析图绘图要求：

1）车流、人流、货流、消防流线分析合理；

2）图纸内容完整，有图名、图例、简要文字说明等；

3）颜色协调、美观大方；

4）分析图示表达清晰。

4．作业评分标准（表 12-1、表 12-2）

功能分析图评分标准　　　　　　　　　　表 12-1

序号	考核内容	评分标准	分值
1	分析合理性(40分)	合理分析商业街的功能分区	20
		合理定位商业街的各功能区	20
2	图纸绘制 (60分)	图纸内容完整，有图名、图例、简要文字说明等	20
		颜色协调、美观大方	20
		分析图示表达清晰	15
		按要求命名文件	3
		按要求格式保存文件	2

交通流线组织分析图评分标准　　　　　　　　　　表 12-2

序号	考核内容	评分标准	分值
1	分析合理性(40分)	车流流线分析合理	10
		人流流线分析合理	10
		货流流线分析合理	10
		消防流线分析合理	10
2	图纸绘制 (60分)	图纸内容完整，有图名、图例、简要文字说明等	20
		颜色协调、美观大方	20
		分析图示表达清晰	15
		按要求命名文件	3
		按要求格式保存文件	2

附录　城市设计常用规范汇总

扫码查看
城市设计常用规范汇总

参考文献

[1] 金广君. 图解城市设计 [M]. 北京：中国建筑工业出版社，2020.

[2] 迪特·福里克. 城市设计理论——城市的建筑空间组织 [M]. 易鑫，译. 北京：中国建筑工业出版社，2015.

[3] 王建国. 城市设计 [M]. 2 版. 北京：中国建筑工业出版社，2021.

[4] 克里斯塔·莱歇尔. 城市设计：城市营造中的设计方法 [M]. 孙宏斌，译. 上海：同济大学出版社，2018.

[5] 沈玉麟. 外国城市建设史 [M]. 北京：中国建筑工业出版社，1989.

[6] 埃比尼泽·霍华德. 明日的田园城市 [M]. 金经元，译. 北京：商务印书馆，2010.

[7] 王一. 城市设计概论 [M]. 北京：中国建筑工业出版社，2019.

[8] 埃德蒙·N·培根. 城市设计 [M]. 黄富厢，朱琪，译. 北京：中国建筑工业出版社，2003.

[9] 马修·卡莫纳·史帝文·蒂斯迪尔，蒂姆·希斯，等. 公共空间与城市空间——城市设计维度 [M]. 马航，张昌娟，刘堃，等译. 北京：中国建筑工业出版社，2015.

[10] 吴志强，李德华. 城市规划原理 [M]. 4 版. 北京：中国建筑工业出版社，2010.

[11] 孔斌. 中国现代城市设计发展历程研究（1980—2015）[D]. 南京：东南大学，2016.

[12] 彭建东，刘凌波，张光辉. 城市设计思维与表达 [M]. 北京：中国建筑工业出版社，2016.

[13] 迪特尔·普林茨. 城市设计（上）——设计方案（原著第七版）[M]. 吴志强译制组，译. 北京：中国建筑工业出版社，2010.

[14] 卢峰. 现代城市设计研究的历史进程及其特征 [J]. 室内设计，2009，24(6)：43-46+58.

[15] 沈磊，孙洪刚. 效率与活力：现代城市街道结构 [M]. 北京：中国建筑工业出版社，2007.

[16] 陈喆，马水静. 关于城市街道活力的思考 [J]. 建筑学报，2009(S2)：121-126.

[17] 中国建筑学会. 建筑设计资料集（第 1 分册 建筑总论）[M]. 3 版. 北京：中国建筑工业出版社，2017.

[18] 凯文·林奇. 城市意象 [M]. 方益萍，何晓军，译. 北京：华夏出版社，2001.

[19] 杨厚和. 浅谈街道意象设计 [J]. 华中建筑，2004，22（1）：77-79.

[20] 扬·盖尔. 交往与空间 [M]. 何人可，译. 北京：中国建筑工业出版社，2002.

[21] 简·雅各布斯. 美国大城市的死与生 [M]. 金衡山，译. 南京：译林出版社，2020.

[22] 姚阳，董莉莉. 城市道路景观设计浅析 [J]. 重庆建筑大学学报，2007，29（4）：35-38.

[23] 孙靓. 城市步行化——城市设计策略研究 [M]. 南京：东南大学出版社，2012.

[24] 北京市城市规划设计研究院. 城市规划资料集（第 6 分册 城市公共活动中心）[M]. 北京：中国建筑工业出版社，2003：132.

[25] 中国大百科全书总编辑委员会. 中国大百科全书（建筑、园林、城市规划卷）[M]. 北京：中国大百科全书出版社，2004.

[26] 建筑大辞典编辑委员会. 建筑大辞典 [M]. 北京：地震出版社，1992.

[27] 陆邵明，张惠姝. 古运河环境景观设计及理论纲要——以无锡市环城四公园为例[J]. 华中建筑，2005，23（7）：56.

[28] 贺晓辉，安慧君，于靖裔，等. 城市绿地景观可达性分析研究进展 [J]. 现代农业科技，2008（1）：39-41.

[29] 赵景伟，岳艳，祁丽艳，等. 城市设计 [M]. 北京：清华大学出版社，2013：264-265.

[30] 黄冀. 城市滨水空间的设计要素 [J]. 城市规划，2002，26（10）：68-72.

后　记

本教材根据高等职业学校城乡规划与建筑设计类专业课程要求编写，也可作为城市信息化管理、风景园林设计等相关专业的教学参考书。

本教材编写主要有以下几个特点：①立足城乡规划、建筑设计专业专科生整体培养目标设定城市设计初步课程的讲授内容；②以高等职业学校学生人才职业技能培养目标为依托，引入模块化实践作业任务；③关注城乡规划专业与建筑设计专业中城市设计内容教授的差异性和相关性，在基本原理讲授的基础上展开项目化流程的实训实践；④理论与实践讲授从纵向和横向两个维度循序渐进、由浅到深、由简单到综合地编排。

通过本课程的学习，希望学生掌握城市设计的基本原理，形成初步设计的能力，提升学生的逻辑思维能力、空间组织能力、文字表述能力、图示表现能力，初步具备从事城市设计编制和研究任务的能力。

城市设计是一门正在不断完善和发展的学科，世界各国目前许多院校的相关专业已经陆续开设城市设计课程，目前我国高职高专教学课程中城市设计的教学参考书普遍缺乏，本书编者希望能够尽可能相对系统和完整地阐释城市设计理论和实践知识，以期为城市设计教学提供基础性的参考。书中选用了深圳市城市规划设计研究院股份有限公司的优秀城市设计案例，在此表示真诚的谢意。

编者

图书在版编目（CIP）数据

城市设计初步 / 颜勤，梁玉秋主编；潘鋆，陈灿副主编 . —北京：中国建筑工业出版社，2022.9

住房和城乡建设部"十四五"规划教材 全国住房和城乡建设职业教育教学指导委员会建筑与规划类专业指导委员会规划推荐教材 高等职业教育建筑与规划类"十四五"数字化新形态教材

ISBN 978-7-112-27673-8

Ⅰ.①城… Ⅱ.①颜…②梁…③潘…④陈… Ⅲ.①城市规划—建筑设计—高等职业教育—教材 Ⅳ.① TU984

中国版本图书馆 CIP 数据核字（2022）第 134062 号

本教材以城市设计实际项目的工作过程为主线，主要分为基础知识篇（城市设计基础知识、国外城市设计发展、中国城市设计发展、城市设计内涵）、调研踏勘篇（现场踏勘调研、调研成果分析）、方案构思篇（城市设计方案构思）、空间设计篇（城市街道与步行街、城市中心区设计、城市滨水区设计）、成果表达篇（城市设计成果、城市设计表达）等五篇十二模块。本教材可作为高等职业院校城乡规划、建筑设计等专业的教学用书，也可作为城市信息化管理、风景园林设计等相关专业的教学参考书。

为更好地支持本课程的教学，我们向使用本书的教师免费提供教学课件，有需要请与出版社联系，邮箱：jckj@cabp.com.cn，电话：（010）58337285，建工书院：http://edu.cabplink.com。

责任编辑：杨 虹 周 觅
书籍设计：康 羽
责任校对：姜小莲

住房和城乡建设部"十四五"规划教材
全国住房和城乡建设职业教育教学指导委员会
建筑与规划类专业指导委员会规划推荐教材
高等职业教育建筑与规划类"十四五"数字化新形态教材
城市设计初步
主 编 颜 勤 梁玉秋
副主编 潘 鋆 陈 灿
主 审 王 伟
*
中国建筑工业出版社出版、发行（北京海淀三里河路 9 号）
各地新华书店、建筑书店经销
北京雅盈中佳图文设计公司制版
北京盛通印刷股份有限公司印刷
*
开本：787 毫米 ×1092 毫米 1/16 印张：14 3/4 字数：273 千字
2023 年 5 月第一版 2023 年 5 月第一次印刷
定价：**48.00** 元（赠教师课件）
ISBN 978-7-112-27673-8
（39845）